Alibaba Group | 技术丛书
阿里巴巴集团

Flutter技术解析与实战

闲鱼技术演进与创新

闲鱼技术部◎著

电子工业出版社
Publishing House of Electronics Industry
北京·BEIJING

内 容 简 介

本书将详细讲解闲鱼技术团队 Flutter 和 FaaS 云端一体化架构、基于 Flutter 的架构演进与创新以及全面的 Flutter 架构应用方案。本书介绍闲鱼技术团队利用 Flutter 技术改造和上线复杂业务的混合工程改造实践，将 Flutter 依赖抽取到远程的实现细节，以及使用 Plugin 桥接获取设备信息、使用基础网络库等混合开发实践。除了介绍闲鱼 Flutter 应用框架 Fish Redux、开发利器 AspectD、FlutterBoost 等一众开源工具与开发实践指南，还介绍了 Flutter 的更多应用场景。

本书适合对 Flutter 感兴趣，以及正在使用和准备尝试 Flutter 移动技术的开发人员和在校学生阅读。

图书在版编目（CIP）数据

Flutter 技术解析与实战：闲鱼技术演进与创新 / 闲鱼技术部著. —北京：电子工业出版社，2020.4

ISBN 978-7-121-38537-7

Ⅰ. ①F… Ⅱ. ①闲… Ⅲ. ①移动终端－应用程序－程序设计 Ⅳ. ①TN929.53

中国版本图书馆 CIP 数据核字(2020)第 031777 号

责任编辑：孙学瑛　宋亚东
印　　刷：三河市鑫金马印装有限公司
装　　订：三河市鑫金马印装有限公司
出版发行：电子工业出版社
　　　　　北京市海淀区万寿路 173 信箱　　邮编：100036
开　　本：720×1000　　1/16　　印张：12.5　　字数：192 千字
版　　次：2020 年 4 月第 1 版
印　　次：2020 年 4 月第 1 次印刷
定　　价：69.00 元

凡所购买电子工业出版社图书有缺损问题，请向购买书店调换。若书店售缺，请与本社发行部联系，联系及邮购电话：(010) 88254888，88258888。

质量投诉请发邮件至 zlts@phei.com.cn，盗版侵权举报请发邮件至 dbqq@phei.com.cn。

本书咨询联系方式：010-51260888-819，faq@phei.com.cn。

序

闲鱼技术团队发来电子书稿时，我十分惊喜。国内关于 Flutter 的中文书籍尚不多见，这本书如此领先且与众不同。

本书并非基础知识的简单罗列，而是从一线问题出发，循序渐进，娓娓道来。不仅把 Flutter 的重要理念讲得极为清晰，而且给开发者提供了应对眼前各种问题的实用方法。特别是，本书对单点问题的解读极具深度，非常具有参考价值。同时，书中还给出了详尽的可以融会贯通、举一反三的思路，理论陈述和问题分析面面俱到，力求让读者可以获得全面系统的技术知识。

本书凝聚了闲鱼技术团队的心血，就像弈局一样，通过一步步的反复判断和思考，给出清晰路径。唯有经历了与谷歌团队的长期共建，以及对整个闲鱼规划有透彻思考后，才能淬炼出有如此深度的著作。对于如何使用 Flutter 以及是否要选择 Flutter 的开发者或者规划者来说，阅读本书将大有裨益。

汤兴（花名：平畴）
阿里巴巴集团副总裁

前　言

　　近年来，随着移动智能设备的快速普及，移动多端统一开发框架已成为一个热点议题。Google Flutter 通过新的渲染引擎、新的编程语言、新的编程框架，提供了一个更决绝的跨端方案，使其在众多移动多端统一开发技术中脱颖而出。我们从 2017 年起预研并接触 Flutter 技术，经过多次的探讨验证后正式大规模地在线上使用，在 App 性能、稳定性、开发效率上获益良多。此外，我们积极协同 Google Flutter 团队去反馈和共同解决中国社区所遇到的各种挑战。通过这个过程，形成了大量一手实践知识与技术沉淀。自 2018 年起，我们收到博文视点的多次邀请，希望撰写对移动开发工程师有实际指导意义的技术图书。从那时起我们始终在思考，应该提供一本什么样的书来帮助移动开发者完善自己的关注视角，并从解决实际应用开发问题出发，思考业务与技术架构统一的问题。带着这个期望，我们系统地精选和编写了闲鱼技术在实际开发中沉淀的经验文章，形成本书，以此回馈广大移动开发者。

　　本书的目标读者是移动技术开发领域相关工程技术人员或以此为职业目标的在校学生。我们期望通过本书的出版，能够帮助读者系统化地理解业务问题的定义、问题如何投射到技术、解决方案的思考以及如何得出解法。因此，本书存在大量相关背景知识、工作原理介绍以及侧重原因分析的方案设计。这也是我们对"授人以鱼不如授人以渔"的思考，希望读者在阅读本书的过程中，去体会这份定义、思考与解决问题的喜悦。

本书从通用业务工程化开始，进而展开 Flutter 在闲鱼整体云端一体化架构的创新思考。第 1、2 章重点关注混合工程搭建以及关键能力扩展和优化，第 3、4 章探讨关于大规模工程实践中遇到的具体问题，如应用架构设计、性能统计和调优等，并在第 5 章给出梳理和总结。以期读者可以有一个自顶向下展开的阅读路径。

本书在选题立项与最后成书过程中，阿里巴巴技术副总裁汤兴（花名：平畴）博士提供了很多建设性意见；博文视点在出版过程中给予了大力支持和帮助；谷歌 Eric 及 Flutter 团队一直以来高效并愉快地协同和共同演进，在此谨向他们表达诚挚的谢意。最后，衷心感谢闲鱼技术团队的各位同事，衷心感谢阿里云战略&合作部总经理刘湘雯和她的同事们，恕不一一列举，本书的出版与他们的支持、信任和帮助是分不开的。

移动多端统一开发技术是一个新的工程领域，发展潜力巨大，知识更新速度快。由于作者水平有限，书中难免有不当之处。我们会通过闲鱼技术公众号、闲鱼技术阿里云开发者社区账号与读者交流和更新内容，欢迎专家和读者给予批评指正。

孙兵（花名：酒丐）

阿里巴巴资深技术专家

读者服务

微信扫码回复：38537

- 获取博文视点学院 20 元付费内容抵扣券；
- 获取免费增值资源；
- 加入读者交流群，与更多读者互动；
- 获取精选书单推荐。

　　轻松注册成为博文视点社区（www.broadview.com.cn）用户，您对书中内容的修改意见可在本书页面的"提交勘误"处提交，若被采纳，将获赠博文视点社区积分。在您购买电子书时，积分可用来抵扣相应金额。

目　录

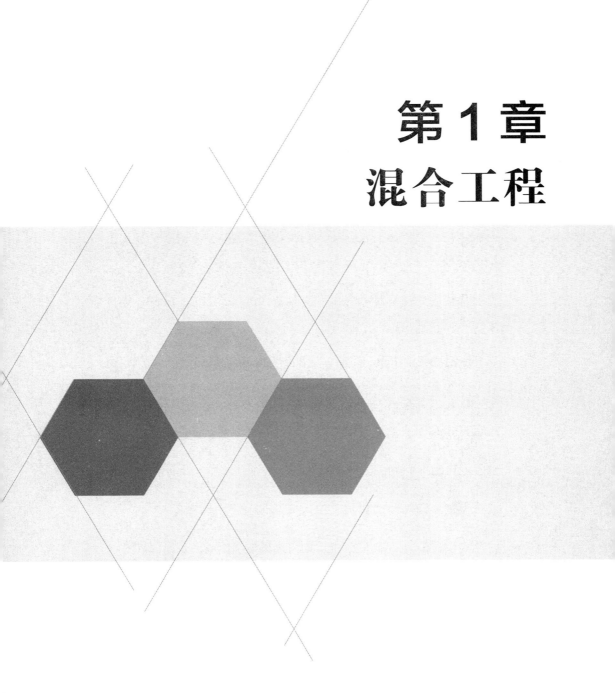

第 1 章
混合工程

1.1　Flutter 工程体系

1.1.1　混合工程研发体系介绍

工程研发体系的关键点包括：

- 混合工程下的 Flutter 研发结构。在混合工程中，一个全局视角的研发结构是什么样的。

- 工程结构。已有的 Native 工程如何引入 Flutter，工程结构如何组织，如何管理 Flutter 环境，如何编译构建和集成打包等。

- 构建优化。如何针对 Flutter 的工具链（flutter_tools、IntelliJ 插件等）进行调试与优化。

- Native 启动下的 Flutter 调试。不同于 Flutter 启动下的一体化调试，这种 Native 启动（Xcode、Android Studio 启动，或点击图标打开应用）下的 Flutter 调试，我们称为分离式调试。分离式调试可以简化 flutter_tools 带来的复杂度，提高调试的稳定性和灵活性。

- Native 启动下的 Flutter 热重载。

- 联合调试。同时调试 Flutter 和 Android/iOS。

- 持续集成。混合环境下的 Flutter 构建与持续集成。

1.1.2　混合工程下的 Flutter 研发结构

如图 1-1 所示，在这个工程研发体系中，基于 Flutter 的官方仓库，开发者可以获取引擎依赖，进行适当修改，以满足定制化场景下的需求。开发完毕各模块后发布到私有 Pub 仓库，再通过 pubspec.yaml 被业务代码依赖和集成。在构建时，首先将 Dart 代码编译成产物（App.framework 或 Snapshot），再通过标准的 Pod（iOS）依赖或者 Gradle（Android）依赖集成到 IPA（iOS）和 APK（Android）中去。对于 Native 开发人员，无须关注 Flutter 部分的细节；对于 Flutter 开发人员，可以通过启动 Flutter 工程调试，也可以在 Native 工程启动后打开 Flutter 页面（Observatory 开始监听），利用 Dart 远程连接的方式实现调试。

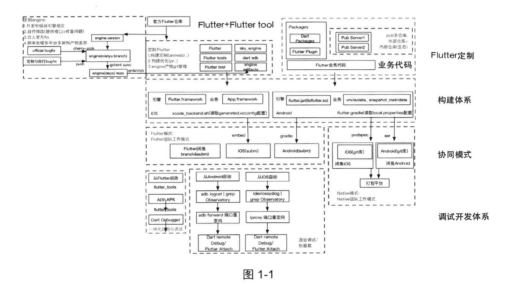

图 1-1

1.1.3　工程结构

这部分的核心逻辑是如何在最小改动已有 iOS 或 Android 工程的前提下运行 Flutter。可以将 Flutter 部分理解为一个单独的模块，通过 Pod 库（iOS）或 AAR 库（Android）的方式，由 CocoaPods 和 Gradle 引入主工程，如图 1-2 所示。

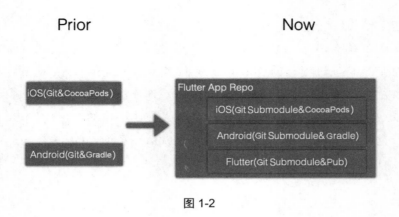

图 1-2

1.1.4 构建优化

问题：Android 在由 Flutter 启动时构建缓慢。

原因：在 Flutter 工具链（flutter_tools）的逻辑中，当未找到 android/app/build.gradle 时，会运行 gradle build，从而执行多个编译配置的构建，而不是 gradle assembleDebug。

解法：重构 Android 工程，使工程应用 Module 对应的 build.gradle 位于 android/app 下，从而符合 flutter_tools 的逻辑。

flutter_tools 的调试方法如下。

（1）修改 flutter_tools.dart，使之可打印参数。

```
import 'package:flutter_tools/executable.dart' as executable;

void main(List<String> args) {
  print('[KWLM]:${args.join(' ')}');
  executable.main(args);
}
```

（2）删除 flutter/bin/cache/fluttertools.stamp，使得 fluttertools 可以被重建。

```
# Invalidate cache if:
#  * SNAPSHOT_PATH is not a file, or
#  * STAMP_PATH is not a file with nonzero size, or
#  * Contents of STAMP_PATH is not our local git HEAD revision, or
#  * pubspec.yaml last modified after pubspec.lock
if [[ ! -f "$SNAPSHOT_PATH" || ! -s "$STAMP_PATH" || "$(cat
"$STAMP_PATH")" != "$revision" || "$FLUTTER_TOOLS_DIR/pubspec.yaml"
-nt "$FLUTTER_TOOLS_DIR/ pubspec.lock" ]]; then
  rm -f "$FLUTTER_ROOT/version"
  touch "$FLUTTER_ROOT/bin/cache/.dartignore"
  "$FLUTTER_ROOT/bin/internal/update_dart_sdk.sh"
  VERBOSITY="--verbosity=error"

  echo Building flutter tool...
  if [[ "$CI" == "true" || "$BOT" == "true" ||
"$CONTINUOUS_INTEGRATION" == "true" || "$CHROME_HEADLESS" == "1" ]];
then
    PUB_ENVIRONMENT="$PUB_ENVIRONMENT:flutter_bot"
    VERBOSITY="--verbosity=normal"
  fi
  export PUB_ENVIRONMENT="$PUB_ENVIRONMENT:flutter_install"

  if [[ -d "$FLUTTER_ROOT/.pub-cache" ]]; then
    export PUB_CACHE="${PUB_CACHE:-"$FLUTTER_ROOT/.pub-cache"}"
  fi

  retry_upgrade

  "$DART" $FLUTTER_TOOL_ARGS --snapshot="$SNAPSHOT_PATH"
--packages= "$FLUTTER_TOOLS_DIR/.packages" "$SCRIPT_PATH"
  echo "$revision" > "$STAMP_PATH"
fi
```

（3）从 Flutter 运行构建，获取其入口参数。

```
Building flutter tool...
[KWLM]:--no-color run --machine --track-widget-creation
--device-id= GWY7N16A31002764 --start-paused lib/main.dart
Running "flutter packages get" in hello_world...
0.4s
Launching lib/main.dart on MHA AL00 in debug mode...
Initializing gradle...
Resolving dependencies...
```

（4）用 IntelliJ（或 Android Studio，下同）打开 flutter_tools 工程，新建 Dart Command Line App，并基于步骤（3）获得的入参来配置"Program arguments"，如图 1-3 所示。

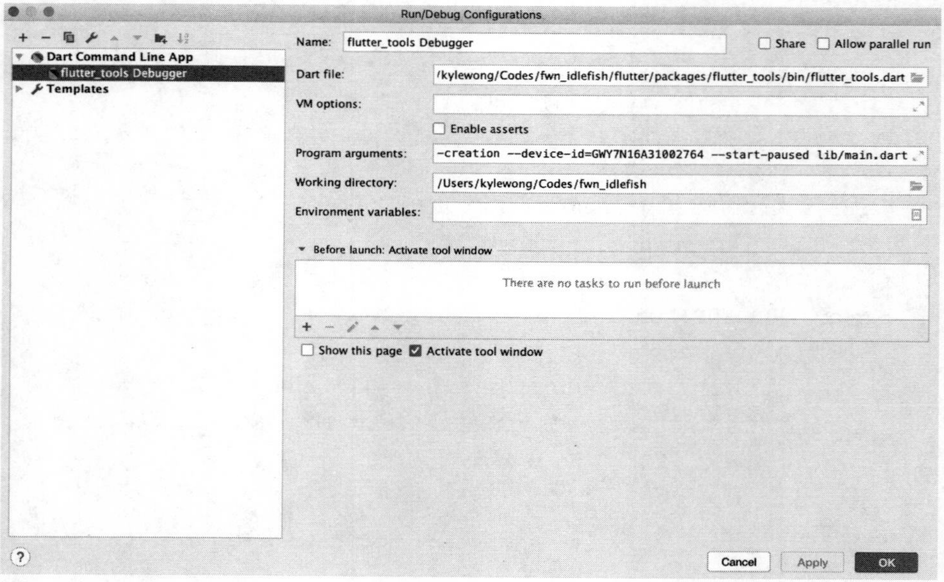

图 1-3

（5）开始 flutter_tools 调试，如图 1-4 所示。

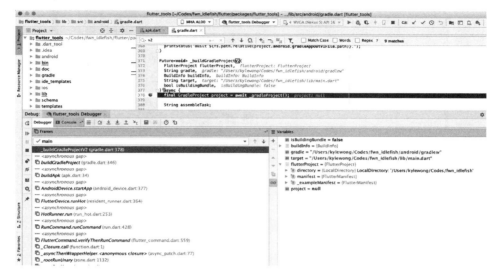

图 1-4

1.1.5　Native 启动下的 Flutter 调试

在 Flutter 模式下，Flutter 插件调用 Xcodebuild（Gradle）命令构建 iOS（Android）工程。对于具备 Native 背景的开发者来说，这不仅有些不适应，而且常因为 Xcodebuild 等命令的参数问题，导致重复编译，当 Native 工程规模庞大时尤为复杂。如何解决这个问题呢？这就涉及 Flutter 启动和 Native 启动下的 Flutter 调试与热重载，如图 1-5 所示。

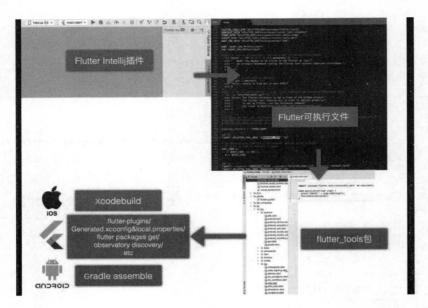

图 1-5

1. Flutter 启动下的 Flutter 调试与热重载逻辑

实际上，当 Native 工程配置好 Flutter 支持后，在 Flutter 启动下做的工作主要有：

①检查是否需要重新生成 flutter_tools.snapshot。

②基于 pubspec.yaml 获取依赖（pub packages get），并生成插件描述文件.flutter-plugins 和 pubspec.lock。

③基于 Flutter 配置（如 Framework 路径、Debug/Release 模式、是否开启 Dart 2 等），生成 Generated.xcconfig（iOS）和 local.properties（Android）。

④基于 Gradle 和 Xcodebuild 构建应用。

⑤基于 ADB 和 LLDB 启动应用。

⑥等待应用中的 Flutter 启动，寻找 Observatory 端口，通过 Dart Debugger 连接以便调试。

⑦寻找到端口后同步 Hot Reload 依赖的文件，同时透过 Daemon 监听命令（如用户点击插件按钮）实现 Full Restart 或 Hot Reload。

换个角度来看，如果能够解决 Native 启动下的 Dart 调试和 Hot Reload，由 fluttertools 造成的编译慢等将不再是问题，且可解决调试环境不稳定的问题。当从 Xcode 启动包含了 Debug 模式 Flutter 内容的 iOS（Android Studio 启动 Android 类似，这里不再重复）应用时，我们需要关注步骤①②③⑥⑦。而步骤①②③除非 flutter_tools、pubspec.yaml 或 Flutter 配置发生变化，否则都不需要重新执行。步骤⑥⑦则是研发人员依赖的调试与热重载，必须考虑此模式下如何支持。

2. Native 启动下的 Flutter 的调试与热重载逻辑

寻找 iOS 设备上的 Observatory 端口。通过 idevicesyslog 获取命令行，此处涉及 libimobiledevice 库，其包含了 idevicesyslog、iproxy 等命令。

```
kylewong@KyleWongdeMacBook-Pro ios % idevicesyslog | grep listening
Aug 26 14:07:18 KyleWongs-iPhone Runner(Flutter)[686] <Notice>:
flutter: Observatory listening on
http://127.0.0.1:56486/oB7rB0DQ3vU=/
```

可以看到 iOS 设备上的 Observatory 启动了一个 x 的端口（端口号随机），认证码为 y。

透过 iproxy 将 iOS 设备上的端口 x 映射到本机端口 z。

```
kylewong@KyleWongdeMacBook-Pro ios % iproxy 8101 56486
your-ios-device-uuid
```

可以看到 waiting for connection，此时就可以访问 http://127.0.0.1:z/y/#/vm，打开 Observatory，如图 1-6 所示。

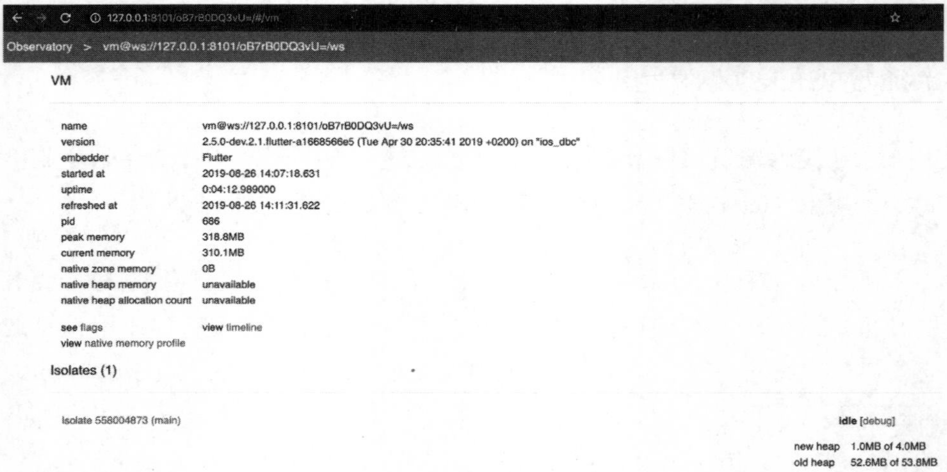

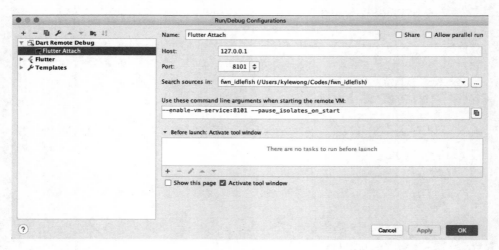

图 1-6

可以使用 Observatory 检查诸多与 Dart 相关的内存和调试等，这里不再展开。

也可以通过 IDE 链接去调试，配置 Dart Remote Debug，如图 1-7 所示。

图 1-7

这里需要注意的是，端口要使用刚转发到计算机的端口 z，搜索源码路径为 Flutter 工程的根目录。

为了避免出现因为认证码造成的无法连接的问题，启动时需要传入 '--disable-service-auth-codes'标志。

配置好之后单击"调试"按钮，连接到调试端口，如图 1-8 所示。

图 1-8

成功后可以看到 Debugger 显示 Connected。如果没有显示，则再单击一次"调试"按钮，如图 1-9 所示。

图 1-9

之后便可以正常地使用 IDE 设置断点和调试 Dart（Flutter）代码了，如图 1-10 所示。

图 1-10

1.1.6 Native 启动下的 Flutter 热重载

启动 App，进入 Flutter 页面，查找 Observatory 端口 x 和认证码 y。

在 Flutter 工程目录下，执行 flutter attach --debug-uri=http:// 127.0.0.1:x/y/。

```
kylewong@KyleWongdeMacBook-Pro fwn_idlefish % flutter/bin/flutter
attach --debug-uri=http://127.0.0.1:63515/2T0iU5TV0As=/
[KWLM]: [attach, --debug-uri=http://127.0.0.1:63515/2T0iU5TV0As=/]
Syncing files to device KyleWong's iPhone...

□ To hot reload changes while running, press "r". To hot restart (and
rebuild state), press "R".
An Observatory debugger and profiler on KyleWong's iPhone is available
at: http://127.0.0.1:63515/2T0iU5TV0As=/
For a more detailed help message, press "h", To detach, press "d";
to quit, press "q".
```

修改 Dart 源代码，然后在 Terminal 中输入 r（位于'to quit,press"q"'
之后）。

```
new Padding(
  padding: new EdgeInsets.only(left: 22.0),
  child: createButton(
    videoIsFullScreen,
    {
      'foreground': 'fundetail_superfavor_white',
      'background': 'super_favor_unhighlight'
    },
    'super_favor_highlight',
    '赞',
    buttonSelectedStatus['superfavor'], () {
    superLikeComponent.clickV2(widget.itemInfo.itemId,
widget.itemInfo.userId, widget.itemInfo.fishPoolId,
        widget.itemInfo.superFavorInfo.superFavored,
widget.itemInfo.trackParams);
    }),
  )
```

这里将超赞文案换成了"赞"。可以看到 Terminal 显示"Initializing hot
reload...Reloaded...",结束后，设备上变更生效，左下角文案变成了"赞"，
如图 1-11 所示。

在 Android 中，Native 启动的 Flutter 调试和热重载与 iOS 类似，不同
的是可通过 IDE Logcat 或者 ADB Logcat | grep Observatory 获取端口，端
口转发使用 ADB forward。

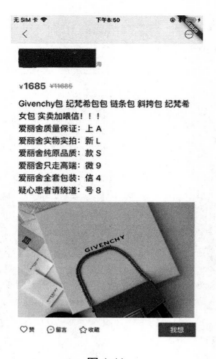

图 1-11

1.1.7　Native 与 Flutter 联合调试

除了可以在任意时刻（Flutter 启动后）调试 Flutter，还可以使用 Android Studio 的 Attach Debugger to Android Process 调试 Android，这就实现了 Android 与 Flutter 联调。同样，结合 Xcode 的 Attach to Process，可以实现 iOS 与 Flutter 联调。

1.1.8　持续集成

闲鱼团队有 Native 开发人员和 Flutter 开发人员，因此区分了 Flutter 模式和 Native 模式。有一台公共设备（Mac Mini）安装了 Flutter 环境并负责 Flutter 相关的构建，构建好的产物以 AAR（Android）或 Pod 库（iOS）

的形式集成到 Native 工程下（可以认为 Flutter 相关的代码就是一个模块），用于构建最终产物 APK（Android）或 IPA（iOS）的 CI 平台最终也通过产物方式集成 Flutter 并打包。

1.2　混合工程改造实践

当使用 Flutter 实现跨平台开发时，如果原有的 iOS 和 Android 工程已相当庞大，那么如何将 Flutter 无缝地桥接到这些大工程中并保证开发效率不受影响是优先要解决的问题。

本文给出了一种通用的工程改造方案，希望为准备转型 Flutter 的团队提供参考。

1.2.1　项目背景及问题

Flutter 的工程结构比较特殊，由 Flutter 目录再分别包含 Native 工程的目录（即 iOS 和 Android 两个目录）组成，如图 1-12 所示。在默认情况下，引入 Flutter 的 Native 工程无法脱离父目录进行独立构建和运行，因为它会反向依赖于 Flutter 相关的库和资源。

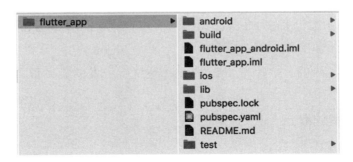

图 1-12

很显然，在拥有了 Native 工程的情况下，开发者不太可能去创建一个全新的 Flutter 工程并重写整个产品，因此 Flutter 工程将包含已有的 Native 工程，这样就带来了一系列问题。

1）构建打包问题：引入 Flutter 后，Native 工程因对其有了依赖和耦合，从而无法独立编译和构建。在 Flutter 环境下，工程的构建从 Flutter 的构建命令开始，执行过程中包含了 Native 工程的构建，开发者要配置完整的 Flutter 运行环境才能走通整个流程。

2）混合编译导致开发效率的降低：在向 Flutter 转型的过程中必然有许多业务仍使用 Native 进行开发，工程结构的改动会使开发过程无法在纯 Native 环境下进行，而适配到 Flutter 工程结构对纯 Native 开发来说又会造成不必要的构建步骤，导致开发效率的降低。

1.2.2　改造目标

针对以上问题，我们提出了以下改造目标，力求使 Native 工程对 Flutter 相关文件的依赖最小化。

Native 工程可以独立地编译构建和调试执行，进而最大限度地减少对相关开发人员的干扰，使打包平台不再依赖 Flutter 环境及相关流程。

当 Native 工程处在 Flutter 环境中时（即作为 iOS 或 Android 子目录）能够正确依赖相关库和文件，正常执行各类 Flutter 功能，如 Dart 代码的构建、调试、热重载等，保证在 Flutter 环境下开发的正确性。

1.2.3　方案的制定

1. 两种模式

首先将 Native 工程处于独立目录环境下称为 Standalone 模式，处于 Flutter 目录下称为 Flutter 模式。纯 Native 开发或平台打包就处于 Standalone

模式，Flutter 对开发人员和打包平台来说是透明的，不会影响构建与调试。
而 Flutter 的代码则在 Flutter 模式下进行开发，其相关库的生成、编译和调
试都执行 Flutter 定义的流程，如图 1-13 所示。

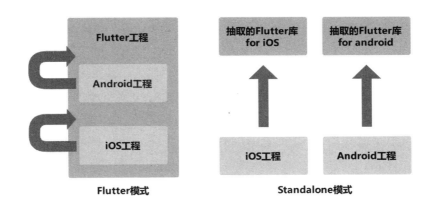

图 1-13　两种工程模式

2. 厘清依赖

从模式的定义来看，既然改造的核心就是把 Standalone 模式提取出来，
那么就要厘清 Standalone 模式对 Flutter 的依赖，并将其提取成第三方的库、
资源或源码文件。以 iOS 为例，通过阅读 Flutter 构建的源码，可知 Xcode
工程对 Flutter 有如下依赖：

1）App.framework：Dart 业务源码相关文件。

2）Flutter.framework：Flutter 引擎库文件。

3）pubs 插件目录及用于索引的文件：Flutter 下的插件，包括各种系
统的插件和自定义的 channels（桥接通道）

4）flutter_assets：Flutter 依赖的静态资源，如字体和图片等。

3. 依赖引入的策略

在改造过程中，闲鱼尝试过两种依赖引入策略，下面分别进行阐述。

（1）本地依赖。通过修改 Flutter 构建流程，将其库文件、源码和资源直接放置到 Native 工程的子目录中进行引用，以 iOS 为例，就是将 Flutter.framework 及相关插件等做成本地的 Pod 依赖，也将资源复制到本地进行维护。由此，Standalone 模式便具备了独立构建和执行的能力，对于纯 Native 开发人员来说，Flutter 只是一些二方库与资源的合集，无须关注。而在 Flutter 模式下，Dart 源码的构建流程不变，不影响编译和调试。同时，由于是本地依赖，在 Flutter 模式下的各种改动也可以实时地同步到 Native 工程的子目录中。提交修改后，Standalone 模式也就拥有了最新的 Flutter 相关功能。

优点：将 Flutter 相关内容的改动同步到 Standalone 模式也比较方便；

缺点：需要对 Flutter 原有的构造流程进行稍复杂的改动，并且与后续的 Flutter 代码合并会有冲突，且 Native 工程与 Flutter 的代码、库及资源等内容还是耦合在本地，不够独立。

（2）远程依赖。远程依赖的想法是将 Flutter 所有依赖内容都放在独立的远端仓库中，在 Standalone 模式下引用远程仓库中的相关资源、源码和库文件，在 Flutter 模式下的构建流程和引用方式不变，如图 1-14 所示。

优点：对 Flutter 自身的构建流程改动较少，较彻底地解决了本地耦合的问题。

缺点：同步的流程变得更烦琐，Flutter 内容的变动需要先同步到远程仓库后再同步到 Standalone 模式方能生效。

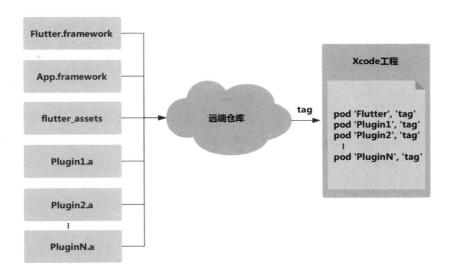

图 1-14

1.2.4　改造的实现过程

1. 目录的组织

在 Flutter 模式下，父工程目录下的 iOS 和 Android 的子目录分别包含对应的 Native 工程。在代码管理上，子工程可以使用 Git 的 Submodule 形式，保证目录间的独立。

2. 远程依赖的实现

在 Standalone 模式下，Flutter 的依赖内容都指向远程仓库中的对应文件，而在 Flutter 模式下依赖的方式不变。

（1）向 Standalone 模式同步 Flutter 的变更。由于远程依赖的问题是同步变动比较麻烦，为此闲鱼开发了一系列脚本工具，使该过程尽量自动完成。假设 Flutter 的内容（可能是业务源码、引擎库或某些资源文件）发生变化，那么在 Flutter 模式下构建结束后，脚本会提取生成好的所有依赖文件并将其复制到远程仓库，提交并打标签，然后依据打出的标签生成新的远程依赖说明（如 iOS 下的 podspec 文件），最后在 Standalone 模式下将 Flutter 的依赖修改至最新的版本，从而完成整个同步过程，如图 1-15 所示。

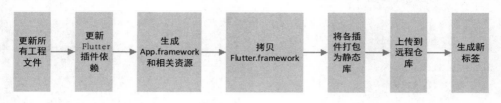

图 1-15

（2）同步的时机

建议在提测及灰度期间，每次 Flutter 业务的提交都能够触发同步脚本的执行和 App 打包；在开发期间，保持每日一次的同步即可。

为解决引入 Flutter 后的工程适配问题，闲鱼抽取了 Flutter 的相关依赖放到远程供纯 Native 工程进行引用，从而保证了 Flutter 与纯 Native 开发的相互独立与并行执行。

该方案已在闲鱼施行了几个版本，并反向输出给了 Flutter 团队，为其后续的 hybrid 工程组织计划提供了方向和参考。同时，相信该方案也可以为转型 Flutter 的团队提供帮助，虽然项目间的差异也会导致方案的不同，但是实施的思路依然有借鉴价值。

1.3　混合工程与持续集成

本节重点介绍 Flutter 混合工程中解除 Native 工程对 Flutter 的直接依赖的具体实现方法。

1.3.1　背景思考

因为闲鱼采用的是 Flutter 和 Native 混合开发的模式，所以存在一部分开发人员只做 Native 开发，并不熟悉 Flutter 技术。

（1）如果直接采用 Flutter 工程结构作为日常开发，则 Native 开发人员也需要配置 Flutter 环境，了解 Flutter 技术，成本比较高。

（2）目前阿里巴巴集团的构建系统并不支持直接构建 Flutter 项目，这也要求闲鱼解除 Native 工程对 Flutter 的直接依赖。

基于这两点考虑，闲鱼希望设计一个 Flutter 依赖抽取模块，可以将 Flutter 的依赖抽取为一个 Flutter 依赖库并发布到远程，供纯 Native 工程引用，如图 1-16 所示。

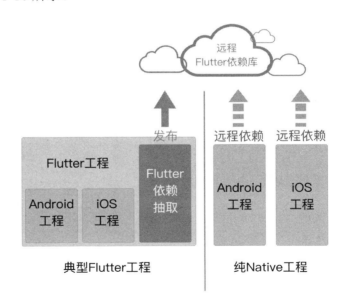

图 1-16

1.3.2　实现方法

1. Native 工程依赖的 Flutter 分析

分析 Flutter 工程，会发现 Native 工程对 Flutter 工程的依赖主要有三部分：

- **Flutter 库和引擎。** Flutter 的 Framework 库和引擎库。

- **Flutter 工程。** 我们自己实现的 Flutter 模块功能，主要为在 Flutter 工程 lib 目录下，由 Dart 代码实现的这部分功能。

- **自己实现的 Flutter Plugin。**

解开 Android 和 iOS 的 App 文件，可以发现 Flutter 依赖的主要文件如图 1-17 所示。

图 1-17

（1）Android 的 Flutter 依赖的文件

- Flutter 库和引擎。包括 icudtl.dat、libflutter.so，以及一些 class 文件。它们都被封装在 flutter.jar 中，这个 jar 文件位于 Flutter 库目录下的

[flutter/bin/cache/artifacts/engine]中。

- Flutter 工程产物。包括 isolate_snapshot_data、isolate_snapshot_instr、vm_snapshot_data、vm_snapshot_instr 和 flutter_assets。

- Flutter Plugin。各个 Plugin 编译出来的 AAR 文件，包括：isolate_snapshot_data（应用程序数据段）、isolate_snapshot_instr（应用程序指令段）、vm_snapshot_data（虚拟机数据段）、vm_snapshot_instr（虚拟机指令段）。

（2）iOS 的 Flutter 依赖的文件

- **Flutter 库和引擎**。Flutter.framework。

- **Flutter 工程的产物**。App.framework。

- **Flutter Plugin**。编译出来的各种 Plugin 的 Framework，以及图 1-17 中的其他 Framework。

我们只需要将编译结果抽取出来，打包成一个 SDK 依赖的形式提供给 Native 工程，就可以解除 Native 工程对 Flutter 工程的直接依赖。

2. Android 依赖的 Flutter 库抽取

（1）Android 中 Flutter 编译任务分析

Flutter 工程的 Android 打包，其实只是在 Android 的 Gradle 任务中插入了一个 flutter.gradle 任务，而 flutter.gradle 主要做了三件事（这个文件可以在 Flutter 库中的[flutter/packages/flutter_tools/gradle]目录下能找到）：

- 增加 flutter.jar 的依赖。

- 插入 Flutter Plugin 的编译依赖。

- 插入 Flutter 工程的编译任务，得到的产物包括两个 isolate_snapshot 文件、两个 vm_snapshot 文件和 flutter_assets 文件夹。然后将产物拷贝到 mergeAssets.outputDir，最后合并到 APK 的 assets 目录下。

（2）Android 的 Flutter 依赖抽取实现

对 Android 的 Flutter 依赖抽取步骤如下：

（a）编译 Flutter 工程

这部分的主要工作是编译 Flutter 的 Dart 和资源部分，可以用 AOT 和 Bundle 命令编译。

```
echo "Clean old build"
find . -d -name "build" | xargs rm -rf
./flutter/bin/flutter clean

echo "Get packages"
./flutter/bin/flutter packages get

echo "Build release AOT"
./flutter/bin/flutter build aot --release --preview-dart-2
--output-dir= build/flutteroutput/aot
echo "Build release Bundle"
./flutter/bin/flutter build bundle --precompiled --preview-dart-2
--asset-dir=build/flutteroutput/flutter_assets
```

（b）将 flutter.jar 和 Flutter 工程的产物打包成一个 AAR 文件。

主要工作是将 flutter.jar 和第 1 步编译的产物封装成一个 AAR 文件。

添加 flutter.jar 依赖。

```
project.android.buildTypes.each {
    addFlutterJarImplementationDependency(project,
```

```
releaseFlutterJar)
}
project.android.buildTypes.whenObjectAdded {
    addFlutterJarImplementationDependency(project,
releaseFlutterJar)
}

private static void addFlutterJarImplementationDependency(Project
project, releaseFlutterJar) {
    project.dependencies {
        String configuration
        if (project.getConfigurations().findByName("api")) {
            configuration = "api"
        } else {
            configuration = "compile"
        }
        add(configuration, project.files {
            releaseFlutterJar
        })
    }
}
```

将 Flutter 的产物合并到 assets。

```
// 合并 flutter assets
def allertAsset
="${project.projectDir.getAbsolutePath()}/flutter/assets/ release"
Task mergeFlutterAssets = project.tasks.create(name:
"mergeFlutterAssets${variant.name.capitalize()}", type: Copy) {
    dependsOn mergeFlutterMD5Assets
    from (allertAsset){
        include "flutter_assets/**"
        include "vm_snapshot_data"
        include "vm_snapshot_instr"
        include "isolate_snapshot_data"
        include "isolate_snapshot_instr"
    }
    into variant.mergeAssets.outputDir
```

```
}
variant.outputs[0].processResources.dependsOn(mergeFlutterAssets)
```

（c）同时将 AAR 文件和 Flutter Plugin 编译出来的 AAR 文件一起发布到 Maven 仓库

发布 Flutter 工程产物打包的 AAR 文件。

```
echo 'Clean packflutter input(flutter build)'
rm -f -r android/packflutter/flutter/

# 拷贝 flutter.jar
echo 'Copy flutter jar'
mkdir -p android/packflutter/flutter/flutter/android-arm-release &&
cp
flutter/bin/cache/artifacts/engine/android-arm-release/flutter.ja
r "$_"


# 拷贝 asset
echo 'Copy flutter asset'
mkdir -p android/packflutter/flutter/assets/release && cp -r build/
flutteroutput/aot/* "$_"
mkdir -p android/packflutter/flutter/assets/release/flutter_assets
&& cp -r build/flutteroutput/flutter_assets/* "$_"

# 将 Flutter 库和 flutter_app 打成 AAR 文件，同时发布到 Ali-maven
echo 'Build and publish idlefish flutter to aar'
cd android
if [ -n "$1" ]
then
    ./gradlew :packflutter:clean :packflutter:publish
-PAAR_VERSION=$1
else
    ./gradlew :packflutter:clean :packflutter:publish
fi
cd ../
```

发布 Flutter Plugin 的 AAR 文件。

```
# 将 Plugin 发布到 Ali-maven
echo "Start publish flutter-plugins"
for line in $(cat .flutter-plugins)
do
    plugin_name=${line%%=*}
    echo 'Build and publish plugin:' ${plugin_name}

    cd android
    if [ -n "$1" ]
    then
        ./gradlew :${plugin_name}:clean :${plugin_name}:publish
-PAAR_VERSION =$1
    else
        ./gradlew :${plugin_name}:clean :${plugin_name}:publish
    fi
    cd ../
done
```

（d）纯粹的 Native 项目只需要依赖我们发布到 Maven 的 AAR 文件即可。

在平时开发阶段，需要实时地依赖最新的 AAR 文件，所以采用 snapshot 版本。

```
configurations.all {
    resolutionStrategy.cacheChangingModulesFor 0, 'seconds'
}

ext {
    flutter_aar_version = '6.0.2-SNAPSHOT'
}

dependencies {
    //Flutter 主工程依赖：包含基于 Flutter 开发的功能、Flutter 引擎 lib
```

```
compile("com.taobao.fleamarket:IdleFishFlutter:${getFlutterAarVer
sion(project)}") {
        changing = true
    }
    //其他依赖
}

static def getFlutterAarVersion(project) {
    def resultVersion = project.flutter_aar_version
    if (project.hasProperty('FLUTTER_AAR_VERSION')) {
        resultVersion = project.FLUTTER_AAR_VERSION
    }
    return resultVersion
}
```

1.3.3 iOS 依赖的 Flutter 库的抽取

1. iOS 中的 Flutter 依赖文件是如何产生的

执行编译命令"flutter build ios"，最终会执行 Flutter 的编译脚本 [xcode_backend.sh]，而这个脚本主要做了下面几件事：

获取各种参数，如 project_path、target_path、build_mode 等，主要来自 Generated.xcconfig 的各种定义。

删除 Flutter 目录下的 App.framework 和 app.flx。

对比 Flutter/Flutter.framework 与 FLUTTER_ROOT/bin/cache/artifacts/ engine {artifact_variant}目录下的 Flutter.framework，若不相等，则用后者覆盖前者。

获取生成 App.framework 命令所需参数，包括 build_dir、local_engine_flag、preview_dart_2_flag 和 aot_flags。

生　成　App.framework ，　并　将　生　成　的　App.framework　和
AppFrameworkInfo.plist 拷贝到 Xcode 工程的 Flutter 目录下。

2. iOS 的 Flutter 依赖抽取实现

编译 Flutter 工程，生成 App.framework。

```
echo "===清理 flutter 历史编译==="
./flutter/bin/flutter clean

echo "===重新生成 plugin 索引==="
./flutter/bin/flutter packages get

echo "===生成 App.framework 和 flutter_assets==="
./flutter/bin/flutter build ios --release
```

将各插件打包为静态库。这里主要有两步：一是将插件打包成二进制
库文件，二是将插件的注册入口打包成二进制库文件。

```
echo "===生成各个插件的二进制库文件==="
cd ios/Pods
#/usr/bin/env xcrun xcodebuild clean
#/usr/bin/env xcrun xcodebuild build -configuration Release
ARCHS='arm64 armv7' BUILD_AOT_ONLY=YES VERBOSE_SCRIPT_LOGGING=YES
-workspace Runner.xcworkspace -scheme Runner BUILD_DIR=../build/ios
-sdk iphoneos
for plugin_name in ${plugin_arr}
do
    echo "生成 lib${plugin_name}.a..."
    /usr/bin/env xcrun xcodebuild build -configuration Release
ARCHS='arm64 armv7' -target ${plugin_name}
BUILD_DIR=../../build/ios -sdk iphoneos -quiet
    /usr/bin/env xcrun xcodebuild build -configuration Debug
ARCHS='x86_64' -target ${plugin_name} BUILD_DIR=../../build/ios
-sdk iphonesimulator -quiet
    echo "合并 lib${plugin_name}.a..."
    lipo -create
```

```
"../../build/ios/Debug-iphonesimulator/${plugin_name}/lib${plugin
_name}.a"
"../../build/ios/Release-iphoneos/${plugin_name}/lib${plugin_name
}.a" -o
"../../build/ios/Release-iphoneos/${plugin_name}/lib${plugin_name
}.a"
done

echo "===生成注册入口的二进制库文件==="
for reg_enter_name in "flutter_plugin_entrance"
"flutter_service_register"
do
    echo "生成 lib${reg_enter_name}.a..."
    /usr/bin/env xcrun xcodebuild build -configuration Release
ARCHS='arm64 armv7' -target ${reg_enter_name}
BUILD_DIR=../../build/ios -sdk iphoneos
    /usr/bin/env xcrun xcodebuild build -configuration Debug
ARCHS='x86_64' -target ${reg_enter_name} BUILD_DIR=../../build/ios
-sdk iphonesimulator
    echo "合并 lib${reg_enter_name}.a..."
    lipo -create
"../../build/ios/Debug-iphonesimulator/${reg_enter_name}/lib${reg_
enter_name}.a"
"../../build/ios/Release-iphoneos/${reg_enter_name}/lib${reg_enter
_name}.a" -o
"../../build/ios/Release-iphoneos/${reg_enter_name}/lib${reg_enter
_name}.a"
done
```

　　将这些上传到远程仓库，并生成新的标签。对于纯 Native 项目，只需要更新 Pod 依赖即可。

1.3.4　Flutter 混合工程的持续集成流程

　　按上述方式，就可以解除 Native 工程对 Flutter 工程的直接依赖了，但是在日常开发中还存在一些其他问题：

- Flutter 工程更新，远程依赖库更新不及时。

- 版本集成时，容易忘记更新远程依赖库，导致版本没有集成最新的 Flutter 功能。

- 多条线并行开发 Flutter 时，版本管理混乱，容易出现远程库被覆盖的问题。

- 需要最少一名开发人员持续跟进发布，人工成本较高。

针对这些问题，闲鱼引入了 CI 自动化框架，从两方面来解决：一方面是通过自动化降低人工成本，也减少人为失误；另一方面是用自动化的形式做好版本控制。

首先，在每次需要构建纯 Native 工程之前，自动完成 Flutter 工程对应的远程库的编译发布工作，整个过程不需要人工干预。其次，在开发测试阶段，采用五段式的版本号，最后一位自动递增产生，这样就可以保证测试阶段所有并行开发的 Flutter 库的版本号不会产生冲突。最后，在发布阶段，采用三段式或四段式的版本号，可以和 App 版本号保持一致，便于后续问题追溯。

整个流程如图 1-18 所示。

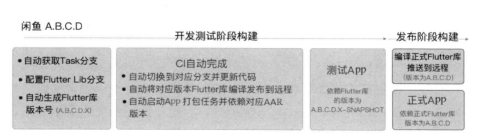

图 1-18

1.4 快速完成混合工程搭建

Flutter 的主要开发模式分成两种，一种是独立 App 的模式，以 Flutter 为主，原生工程会被包含在 Flutter 工程下；另一种是让 Flutter 以模块（Flutter 模块）的形式存在，分别集成在已有的 iOS 和 Android 原生应用下，原生工程可以在任何的目录结构下，和 Flutter 工程地址不产生关联，并需要在原生工程结构中声明 Flutter 工程的本地地址。在 Flutter 能够以模块形式存在之前，闲鱼进行了很长时间的混合 App 架构的探索，对原生工程进行了比较多的改动。在 Flutter 官方推出 Flutter 模块模式后，我们进行了大量调研，最终推出了一套开箱即用的混合工程脚手架 flutter-boot，有助于快速搭建混合工程。

1.4.1 flutter-boot 简介

flutter-boot 主要解决了混合开发模式下的两个问题：Flutter 混合开发的工程化设计和混合栈。那么 flutter-boot 是如何解决的呢？

首先在工程化设计的问题上，flutter-boot 建立了一套标准的工程创建流程和友好的交互命令。当流程执行完成后，即拥有了混合开发的标准工程结构。这一套工程结构能够帮助开发者同时拥有 Flutter 开发和原生开发两种开发视角，本地 Flutter 开发和云端 Flutter 构建两种 Flutter 集成模式，其效果如图 1-19 所示。

另外，在混合栈方面，flutter-boot 能自动注入混合栈依赖，同时将核心的混合栈接入代码封装并注入原生工程内。用户按提示插入简单的几行模板代码后，即可看到混合栈的效果。使用 flutter-boot 搭建的混合工程开箱即可使用，接下来介绍 flutter-boot 解决这些问题的详细过程。

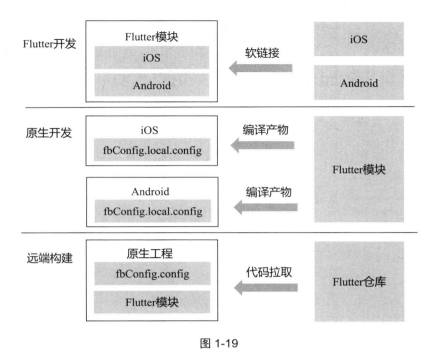

图 1-19

1.4.2 工程化设计

1. 了解官方的 Add Flutter to existing apps 项目

在了解 flutter-boot 的工程化设计细节之前，我们需要对 Google 官方提供的 Add Flutter to existing apps 方案有一个初步的了解。Add Flutter to existing apps 项目会引导开发者以模块的形式创建 Flutter，模块形态的 Flutter 的工程结构如下所示。

```
some/path/
  my_flutter/
    lib/main.dart
    .ios/
    .android/
```

在官方的工程结构下，.ios 和.android 是模板工程，当在 Flutter 工程目录下运行时，即通过这两个工程来启动应用。我们如何让原生工程和 Flutter 产生关联呢？这里的关联会分成三个部分，分别是 Flutter 的 Framework、业务代码和插件库。其中，Flutter 插件库分成 Flutter Plugin Native（即插件原生代码）和 Flutter Plugin Dart（即插件的 Dart 代码）两个部分。这四部分的差异如表 1-1 所示。

表 1-1

模　　块	模块数量	内容变更频率	支持调试
Flutter Framework	唯一	低	否
Flutter Plugin Native	高频变更	低	是
Flutter Plugin Dart	高频变更	低	是
Flutter 业务代码	唯一	高	是

Flutter Framework 只需要在依赖管理中声明即可，Flutter Plugin Native 可以直接以源码的方式集成，Flutter Plugin Dart 只有在被业务代码引用时才有效。和业务代码一样，需要支持 Dart 代码的调试模式和发布模式。Dart 代码的关联会侵入 App 的构建环节，根据 App 构建的模式来决定 Dart 代码的构建模式。对于具体的实现，以 iOS 系统为例，在 podfile 文件中增加一个自定义的 Ruby 脚本 podfilehelper 的调用，podfilehelper 会声明 Flutter Framework 的依赖、Flutter Plugin Native 的源码引用和业务代码的路径。接下来会介入构建流程，在 Xcode 的 build phase 内加入 shell 脚本 xcodebackend 的调用，xcodebackend 会根据当前构建模式产出 Dart 构建产物。

2．flutter-boot 的补充

对于官方的混合工程项目，在体验过程中发现有如下问题：

- 文件或配置的添加为手动添加，流程较长。

- 不支持在 Flutter 仓库下运行原生工程。

- 不支持 Flutter 以独立代码仓库部署时的远端机器构建。

因此，在 flutter-boot 脚手架中，为了解决这些问题，把混合工程的部署分为 create、link、remotelink 和 update 四个过程。

（1）create

create 过程在于搭建一个 Flutter 模块，包括 Flutter 模块的创建和 Git 仓库的部署。在调用 Flutter 模块创建命令前，通过基础的检查，让工程位置和命名的规范满足官方条件。在部署 Git 仓库时，会在 gitignore 中忽略部分文件，同时对仓库的状态进行检查。当仓库为空时，直接添加文件；当仓库非空时，会优先清理仓库。

（2）link

link 过程在于关联本地的原生工程和 Flutter 工程。在关联的过程中，会先请求获取 Flutter 工程的地址和原生工程的地址，然后将需要手动集成的部分通过脚本的方式自动集成。为了获得 Flutter 开发视角（即 Flutter 工程下运行原生工程），将原生工程进行了软链接，链接到 Flutter 工程的 iOS 目录和 Android 目录。Flutter 在运行前会找到工程下的 iOS 或 Android 目录然后运行。在 Flutter 工程下运行 iOS 工程会存在一个限制，即 iOS 工程的 target 需要指定为 runner。为了解决这个问题，将原生工程的主 target 进行了复制，命名为 runner 的 target。同时，为了支持远程构建的模式，将 Flutter 仓库本地路径的声明根据构建模式进行了区分，封装在自定义的依赖脚本中。例如在 iOS 工程内，会添加 fbpodhelper.rb 脚本文件，然后将 Flutter 仓库本地路径添加到配置文件 fbConfig.local.json 中。

（3）remotelink && update

在远端构建模式下，通过 remotelink 能够获取 Flutter 仓库的代码，并在远端机器上进行构建。在远端构建模式下，我们会侵入依赖管理的过程，在获取依赖时，拉取 Flutter 仓库的代码，将代码放置在原生工程的.fbflutter 目录下，并将该目录声明为 Flutter 仓库本地路径。对于拉取 Flutter 代码并进行本地部署的过程，我们称为 update 过程。在远端构建时，就能和本地构建如出一辙。那么如何区分远端模式和本地模式呢？我们将远端的 Flutter 仓库信息记录在 fbConfig.json 中，同时在 gitignore 中忽略 fbConfig.local.json 文件，这样只需要负责初始化混合工程的工程师运行一次 remotelink，其他的开发协同者将不用关注远端构建的配置流程。

（4）init

为了便于快速搭建，我们提供了一个命令集合，命名为 init，将必备的环节以命令行交互的模式集成在了 init 命令中。

1.4.3　混合栈

混合栈是闲鱼开源的一套用于 Flutter 混合工程下协调原生页面与 Flutter 页面交互的框架，目前是混合开发模式下的主流框架。在混合栈开源后，有大量开发者在集成混合栈时会遇到因各种环境配置或代码添加导致的集成问题，为此这里提供一套快速集成的方案。

1．集成问题

要做到快速集成，面临两个问题：Flutter 和混合栈的版本兼容，混合栈 Demo 代码封装及插入。

（1）版本兼容问题

目前支持的混合栈版本为 0.1.52，支持 Flutter 1.5.4。当 Flutter 升级时，混合栈势必要进行适配，即集成的混合栈版本也需要变更。因此，将混合栈的版本配置通过文件进行维护，记录当前 Flutter 所需要的混合栈版本。在初版的 flutter-boot 中，我们限定了混合栈的版本号，在发布新版本混合栈时，将开放版本选择的功能。

（2）代码封装及插入问题

在调研了混合栈的使用过程后，将混合栈需要的 Demo 代码分成了四个部分：Flutter 引擎的托管，页面路由的配置，Demo 形式的 Dart 页面，原生的测试跳转入口。

2. 解决方案

① Flutter 引擎的托管

对于引擎的托管，依赖于应用的初始化。由于初始化过程随着应用的复杂而复杂，因此目前提供了一行代码作为接口，使用者在初始化应用时加入这一行代码即可完成托管。

② 页面路由的配置 &&Demo 形式的 Dart 页面

路由配置指路由到某个标识符时，Flutter 页面或原生页面需要识别并跳转到相应页面。路由的配置需要在原生页面和 Flutter 页面两侧进行部署。在原生侧，将混合栈的 Demo 路由代码进行了精简，然后将其添加到原生工程的固定目录下。由于 iOS 仅添加代码文件是不会被纳入构建范围的，因此封装了一套 iOS 侧的代码添加工具来实现文件的插入。在 Flutter 侧，对 main.dart 文件进行了覆盖，将带有路由逻辑的 main.dart 集成进来，同时提供了 Demo 形成的 Dart 页面的创建逻辑。

③ 原生的测试跳转入口

为了方便使用者快速看到混合工程的跳转模式，在 iOS 和 Android 双端封装了一个入口按钮和按钮的添加过程，使用者在测试页面手动加入一行代码，即可看到跳转 Flutter 的入口。

3. 最终效果

在使用 flutter-boot 前，开发者可能要花费数天来进行混合工程搭建。现在，开发者只需要调用一个命令，加入两行代码即可完成混合工程的搭建，大大降低了开发成本。但 flutter-boot 的使命还未达成，我们期望开发者能更加流畅地进行 Flutter 开发，未来会优化多人协同的开发流程，完善持续集成环境的搭建，让开发者拥有更佳的开发体验。

1.5 使用混合栈框架开发

1.5.1 为什么需要混合方案

具有一定规模的 App 通常有一套成熟通用的基础库，尤其是阿里巴巴 App，一般需要依赖很多体系内的基础库。使用 Flutter 重新开发 App 的成本和风险都较高。所以，在 Native App 进行渐进式迁移是稳健型方式。闲鱼在实践中沉淀出一套自己的混合技术方案。在此过程中，闲鱼跟 Google Flutter 团队进行密切的沟通，听取了他们的一些建议，同时也针对自身业务情况进行方案的选型以及具体的实现方法。

1.5.2 Google 官方提出的混合方案

1. 基本原理

Flutter 技术链主要由 C++实现的 Flutter Engine 和 Dart 实现的 Framework 组成。Flutter Engine 负责线程管理、Dart VM 状态管理和 Dart 代码加载等工作。而 Dart 代码所实现的 Framework 则是业务接触到的主要 API，如 Widget 等概念就是在 Dart 层面的 Framework 内容。

一个进程里面最多只会初始化一个 Dart VM。然而，一个进程可以有多个 Flutter Engine，多个 Engine 实例共享同一个 Dart VM。

我们来看具体实现方法，在 iOS 中，每初始化一个 FlutterViewController 就会有一个引擎随之初始化，也就意味着会有新的线程（理论上线程可以复用）去运行 Dart 代码。Android 中的 Activity 也有类似的效果。如果启动多个引擎实例，此时 Dart VM 依然是共享的，只是不同 Engine 实例加载的代码运行在各自独立的 Isolate 中。

2．Google 官方给出的建议

（1）引擎深度共享

在混合方案方面，Flutter 官方给出的建议是从长期来看，应该支持在同一个引擎支持多窗口绘制的能力，至少在逻辑上做到 FlutterViewController 共享同一个引擎的资源。换句话说，希望所有的绘制窗口共享同一个主 Isolate。

但 Google 官方给出的长期建议目前来说没有很好的支持。

（2）多引擎模式

在混合方案中，我们解决的主要问题是如何处理交替出现的 Flutter 和 Native 页面。Google 工程师给出了一个 Keep It Simple 的方案：对于连续的 Flutter 页面（Widget），只需要在当前 FlutterViewController 中打开即可，对于间隔的 Flutter 页面，选择初始化新的引擎。

例如，进行下面一组导航操作：

```
Flutter Page1 -> Flutter Page2 -> Native Page1 -> Flutter Page3
```

只需在 Flutter Page1 和 Flutter Page3 中创建不同的 Flutter 实例即可。

这个方案的好处是简单易懂，逻辑清晰；但也有潜在的问题，如果一个 Native 页面和一个 Flutter 页面一直交替进行，那么 Flutter Engine 的数量会呈线性增加，而 Flutter Engine 本身是一个比较重的对象。

（3）多引擎模式的问题

- 冗余的资源问题。多引擎模式下，每个引擎之间的 Isolate 是相互独立的。在逻辑上这并没有什么坏处，但是引擎底层其实是维护了图片缓存等比较消耗内存的对象。想象一下，若每个引擎都维护自己的一份图片缓存，则内存压力将非常大。

- 插件注册的问题。插件依赖 Messenger 传递消息，而 Messenger 是由 FlutterViewController （ Activity ） 实 现 的 。 如 果 有 多 个 FlutterViewController，插件的注册和通信将会变得混乱、难以维护，消息传递的源头和目标也会变得不可控。

- Flutter Widget 和 Native 的页面差异化问题。Flutter 的页面是 Widget，Native 的页面是 VC。从逻辑上来说，我们希望消除 Flutter 页面与 Naitve 页面的差异，否则在进行页面埋点和其他一些统一操作的时候，都会遇到额外的复杂度。

- 增加页面之间通信的复杂度。如果所有 Dart 代码都运行在同一个引擎实例中，它们共享一个 Isolate，则可以用统一的编程框架进行 Widget 之间的通信，多引擎实例也增加复杂度。

因此，综合多方面考虑，闲鱼并没有采用多引擎混合方案。

3. 现状与思考

考虑到多引擎存在的一些实际问题，所以闲鱼目前采用的混合方案是共享同一个引擎。这个方案基于这样一个事实：在任何时候最多只能看到一个页面，当然对于些特定的场景，可以看到多个 ViewController，但是这些特殊场景我们这里不讨论。

可以这样简单地理解这个方案：把共享的 Flutter View 当成一个画布，然后用一个 Native 的容器作为逻辑的页面。每次在打开一个容器的时候，通过通信机制通知 Flutter View 绘制成当前的逻辑页面，然后将 Flutter View 放到当前容器里面。

老方案在 Dart 侧维护了一个 Navigator 栈的结构，如图 1-20 所示。栈数据结构的特点是每次只能从栈顶操作页面，每一次在查找逻辑页面的时候，如果页面不在栈顶，则需要往回退栈。如此会导致中途被退栈的页面状态丢失，这个方案无法支持同时存在多个平级逻辑页面的情况，因为在切换页面的时候必须从栈顶操作，无法在保持状态的同时进行平级切换。

举个例子：有两个页面 A 和 B，当前页面 B 在栈顶。切换到页面 A 需要把页面 B 从栈顶 Pop 出去，此时页面 B 的状态丢失，如果想切回页面 B，只能重新打开，页面 B 之前页面的状态无法维持住。这也是老方案最大的一个局限。

如在 Pop 的过程中，可能会把 Flutter 官方的 Dialog 误杀，这也是一个问题。

而且基于栈的操作，我们依赖对 Flutter 框架的一个属性修改，让这个方案具有了侵入性的特点，这是另一个问题。

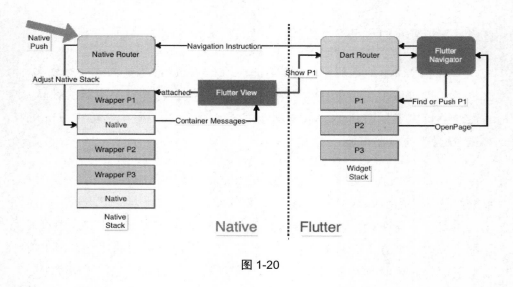

图 1-20

1.5.3 第二代混合技术方案 FlutterBoost

1. 重构计划

闲鱼在推进 Flutter 化过程当中，遇到了更加复杂的页面场景，也逐渐暴露了老方案的局限性和一些问题。所以，闲鱼启动了代号为 FlutterBoost 的新混合技术方案。我们的主要目标有：

- 可复用通用型混合方案。

- 支持更加复杂的混合模式，例如支持主页 Tab。

- 无侵入性方案，不再依赖修改 Flutter 的方案。

- 支持通用页面生命周期。

- 统一明确的设计概念。

跟老方案类似，新的方案仍采用共享引擎的模式实现。主要思路是由

Native 容器通过消息驱动 Flutter 页面容器，从而达到 Native 容器与 Flutter 容器的同步目的。希望做到 Flutter 渲染的内容是由 Naitve 容器来驱动的。

简单地理解，闲鱼想把 Flutter 容器做得像浏览器一样。填写一个页面地址，然后由容器管理页面的绘制。在 Native 侧，开发者只需要关心如何初始化容器，然后设置容器对应的页面标志即可。

2. 主要概念（如图 1–21）

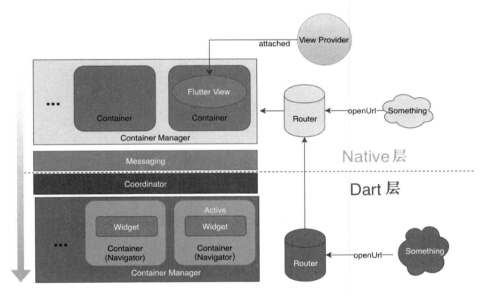

图 1-21

（1）Native 层

- Container：Native 容器、平台 Controller、Activity 和 ViewController。

- Container Manager：容器的管理者。

- Adaptor：Flutter 是适配层。

- Messaging：基于 Channel 的消息通信。

（2）Dart 层

- Container：Flutter 用来容纳 Widget 的容器，具体实现为 Navigator 的派生类。

- Container Manager：Flutter 容器的管理者，提供 show、remove 等 API。

- Coordinator：协调器，接受 Messaging 消息，负责调用 Container Manager 的状态管理。

- Messaging：基于 Channel 的消息通信。

（3）关于页面的理解

在 Native 和 Flutter 中，表示页面的对象和概念是不一致的。在 Native 中，对于页面的概念一般是 ViewController 和 Activity。而在 Flutter 中，对于页面的概念是 Widget。我们希望可统一页面的概念，或者说弱化 Flutter 本身的 Widget 对应的页面概念。换句话说，当一个 Native 的页面容器存在的时候，FlutteBoost 保证一定会有一个 Widget 作为容器的内容。所以，我们在理解和进行路由操作的时候，都应该以 Native 的容器为准，Flutter Widget 依赖于 Native 页面容器的状态。

在 FlutterBoost 的概念里说到页面的时候，指的是 Native 容器和它所附属的 Widget。所有页面的路由操作，打开或者关闭页面，实际上都是对 Native 页面容器的直接操作。无论路由请求来自何方，最终都会转发给 Native 实现路由操作。这也是接入 FlutterBoost 时需要实现 Platform 协议的原因。

另一方面，我们无法控制业务代码通过 Flutter 本身的 Navigator 去 push 新的 Widget。对于业务不通过 FlutterBoost 而直接使用 Navigator 操作

Widget 的情况，建议由业务自己负责管理其状态。这种类型的 Widget 不属于 FlutterBoost 所定义的页面概念。

理解这里的页面概念，对于理解和使用 FlutterBoost 至关重要。

3. 与老方案的主要差别

老方案在 Dart 层维护单个 Navigator 栈结构用于 Widget 的切换。而新的方案则是在 Dart 侧引入了 Container 的概念，不再用栈的结构维护现有的页面，而是通过将 Key-Value 映射扁平化的形式去维护当前所有的页面，每个页面拥有一个唯一的 ID 地址。这种结构很自然地支持了页面的查找和切换，不再受制于栈顶操作，一些由于 Pop 导致的问题迎刃而解。同时，也不再依赖修改 Flutter 源码的形式去实现，避免了实现的侵入性。

这是如何做到的呢？

Flutter 在底层提供了让开发者自定义 Navigator 的接口，闲鱼自己实现了一个管理多个 Navigator 的对象。当前最多只会有一个可见的 Flutter Navigator，它包含的页面也就是当前可见容器所对应的页面。

Native 容器与 Flutter 容器（Navigator）是一一对应的，生命周期也是同步的。当一个 Native 容器被创建的时候，Flutter 的一个容器也被创建，它们通过相同的 ID 地址关联起来。当 Native 的容器被销毁的时候，Flutter 的容器也被销毁。Flutter 容器的状态跟随 Native 容器而变化，这也就是 Native 驱动。由 Manager 统一管理切换当前在屏幕上展示的容器。

下面用一个简单的例子描述一个新页面创建的过程：

- 创建 Native 容器（iOS ViewController，Android Activity or Fragment）。

- Native 容器通过消息机制通知 Flutter Coordinator 新的容器被创建。

- Flutter Container Manager 得到通知，负责创建出对应的 Flutter 容器，并且在其中装载对应的 Widget 页面。

- 当 Native 容器展示到屏幕上时，容器给 Flutter Coordinator 发消息，通知要展示页面的 ID 地址。

- Flutter Container Manager 找到对应 ID 地址的 Flutter Container 并将其设置为前台可见容器。

这就是一个新页面创建的主要逻辑，销毁和进入后台等操作也类似由 Native 容器事件去驱动。

目前，FlutterBoost 已经在生产环境支撑闲鱼客户端中所有的基于 Flutter 开发的业务，为更加负复杂的混合场景提供了支持，同时也解决了一些历史遗留问题。

闲鱼在项目启动之初就希望 FlutterBoost 能够解决 Native App 混合模式接入 Flutter 这个通用问题。所以把它做成了一个可复用的 Flutter 插件，希望吸引更多感兴趣的朋友参与到 Flutter 社区的建设中来。闲鱼的方案可能不是最好的，希望看到社区能够涌现出更加优秀的组件和方案。

1.5.4 扩展补充

1. 性能相关

在对两个 Flutter 页面进行切换时，因为只有一个 Flutter View，所以需要对上一个页面进行截图保存。如果 Flutter 页面较多，则截图会占用大量内存。这里采用文件内存二级缓存策略，在内存中最多只保存 2~3 个截图，其余的截图在写入文件时按需加载。这样一来，可以在保证用户体验的同时，使内存也保持在一个较为稳定的水平。

在页面渲染性能方面，Flutter 的 AOT 优势展露无遗。当页面快速切换的时候，Flutter 能够很灵敏地进行相应页面的切换，在逻辑上创造出一种 Flutter 有多个页面的感觉。

2.　Release 1.0 支持

在项目开始的时候，闲鱼基于目前使用的 Flutter 版本进行开发，而后进行了 Release 1.0 兼容升级测试且没有发现问题。

3.　接入

只要是集成了 Flutter 的项目，都可以用官方依赖的方式，非常方便地以插件形式引入 FlutterBoost，只需要对工程进行少量代码接入即可。详细接入文档，请参阅 GitHub 主页官方项目文档。

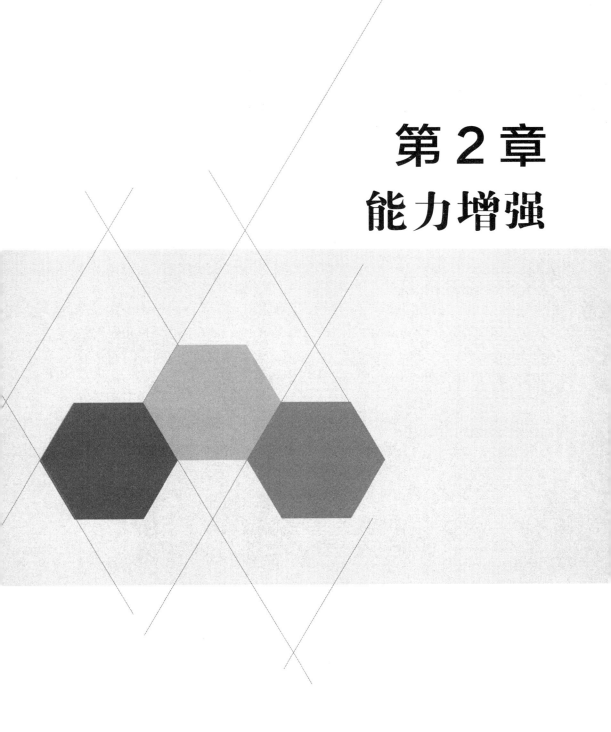

第 2 章
能力增强

2.1 基于原生能力的插件扩展

闲鱼在开发 Flutter 过程中，经常会需要具备各种 Native 的能力，如获取设备信息、使用基础网络库等，这时会使用 Plugin 来做桥接，本章将对其进行详细的介绍。

本文首先对 Flutter Plugin 以及原理进行介绍，然后对 Plugin 所依赖的 Platform Channel 进行讲解，随后对"获取剩余电量 Plugin"进行分解，最后总结之前遇到的问题和解决方案。

2.1.1 Flutter Plugin

如图 2-1 所示，Flutter 的上层能力都是由 Engine 提供的。Flutter 正是通过 Engine 将各个 Platform 的差异化抹平。而本章要讲的 Plugin，正是通过 Engine 提供的 Platform Channel 实现的通信。

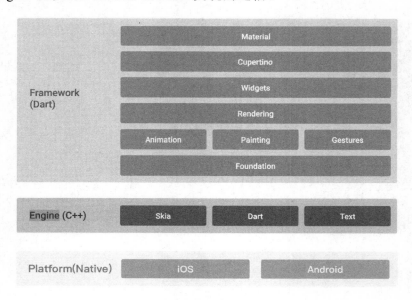

图 2-1

2.1.2　Platform Channel

1. Flutter App 调用 Native APIs

如图 2-2 所示，Flutter App 通过 Plugin 创建的 Platform Channel 来调用 Native APIs。

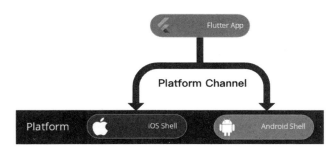

图 2-2

2. Platform Channel 架构图（图 2-3）

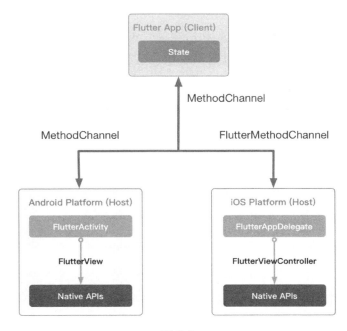

图 2-3

（1）Platform Channel

- Flutter App（Client），通过 MethodChannel 类向 Platform 发送调用消息；

- Android Platform（Host），通过 MethodChannel 类接收调用消息；

- iOS Platform（Host），通过 FlutterMethodChannel 类接收调用消息。

消息编解码器是 JSON 格式的二进制序列化，所以调用方法的参数类型必须是可 JSON 序列化的。除了方法调用，也可以反向发送调用消息。

（2）Android Platform

FlutterActivity 是 Android 的 Plugin 管理器，它记录了所有的 Plugin，并将 Plugin 绑定到 FlutterView。

（3）iOS Platform

FlutterAppDelegate 是 iOS 的 Plugin 管理器，它记录了所有的 Plugin，并将 Plugin 绑定到 FlutterViewController（默认是 rootViewController）。

2.1.3 获取剩余电量 Plugin

如图 2-4 所示。

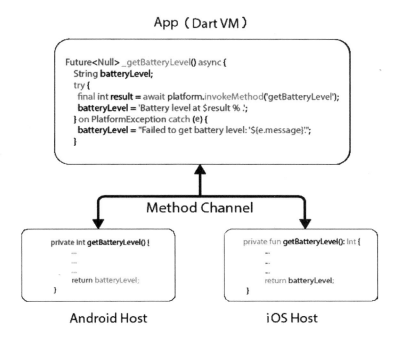

App（Dart VM）

```
Future<Null> _getBatteryLevel() async {
    String batteryLevel;
    try {
     final int result = await platform.invokeMethod('getBatteryLevel');
     batteryLevel = 'Battery level at $result % .';
    } on PlatformException catch (e) {
     batteryLevel = "Failed to get battery level: '${e.message}'";
    }
```

Method Channel

```
private int getBatteryLevel() {
    ...
    ...
    ...
        return batteryLevel;
    }
```

Android Host

```
private fun getBatteryLevel(): Int {
    ...
    ...
        return batteryLevel;
    }
```

iOS Host

图 2-4

1. 创建 Plugin

首先，我们创建一个 Plugin（flutterpluginbatterylevel）项目，如图 2-5 所示。Plugin 也是项目，只是 Project type 不同。

（1）进入 IntelliJ 欢迎界面，单击"Create New Project"或者"File"/ "New"/"Project..."按钮；

（2）在左侧菜单选择"Flutter"，然后单击"Next"按钮；

（3）输入 Project name 和 Project location，Project type 选择"Plugin"；

（4）最后单击"Finish"按钮。

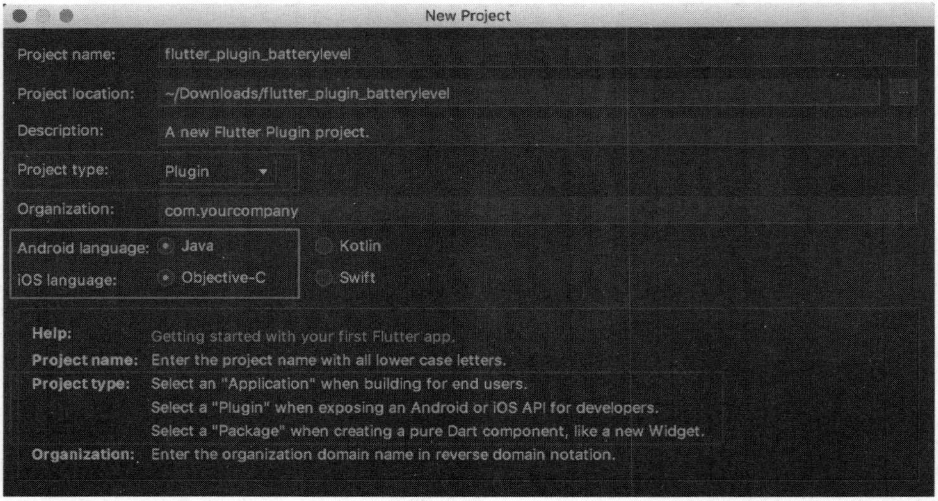

图 2-5

其中，Project type 包括：

（1）Application：Flutter 应用；

（2）Plugin：给 Flutter 应用暴露 Android 和 iOS 的 API；

（3）Package：封装一个 Dart 组件，如"浏览大图 Widget"。

Plugin Project 由 Dart、Android、iOS 三部分代码组成。

2. Plugin Flutter 部分

（1）MethodChannel。Flutter App 调用 Native APIs

```
static const MethodChannel _methodChannel = const MethodChannel
('samples. flutter.io/battery');

 //
Future<String> getBatteryLevel() async {
  String batteryLevel;
```

```
  try {
    final int result = await
_methodChannel.invokeMethod('getBatteryLevel',
{'paramName':'paramVale'});
    batteryLevel = 'Battery level: $result%.';
  } catch(e) {
    batteryLevel = 'Failed to get battery level.';
  }
  return batteryLevel;
}
```

首先，实例 _methodChannel（Channel 名称必须唯一）调用 invokeMethod()方法。invokeMethod()有 2 个参数：方法名，不能为空；调用方法的参数，该参数必须可 JSON 序列化，可以为空。

（2）EventChannel。Native 调用 Flutter App。

```
static const EventChannel _eventChannel = const EventChannel('samples.
flutter.io/charging');

  void listenNativeEvent() {
    _eventChannel.receiveBroadcastStream().listen(_onEvent,
onError:_onError);
  }

  void _onEvent(Object event) {
    print("Battery status: ${event == 'charging' ? '' :
'dis'}charging.");
  }

  void _onError(Object error) {
    print('Battery status: unknown.');
  }
```

3. Plugin Android 部分

（1）注册 Plugin

```
import android.os.Bundle;
import io.flutter.app.FlutterActivity;
import io.flutter.plugins.GeneratedPluginRegistrant;

public class MainActivity extends FlutterActivity {
    @Override
    protected void onCreate(Bundle savedInstanceState) {
        super.onCreate(savedInstanceState);
        GeneratedPluginRegistrant.registerWith(this);
    }
}
```

在 FlutterActivity 的 onCreate()方法中，注册 Plugin。

```
public static void registerWith(Registrar registrar) {
    /**
     * Channel 名称：必须与 Flutter App 的 Channel 名称一致
     */
    private static final String METHOD_CHANNEL =
"samples.flutter.io/battery";
    private static final String EVENT_CHANNEL =
"samples.flutter.io/charging";

    // 实例 Plugin，并绑定到 Channel 上
    FlutterPluginBatteryLevel plugin = new
FlutterPluginBatteryLevel();

    final MethodChannel methodChannel = new MethodChannel
(registrar. messenger(), METHOD_CHANNEL);
    methodChannel.setMethodCallHandler(plugin);

    final EventChannel eventChannel = new
EventChannel(registrar.messenger(), EVENT_CHANNEL);
    eventChannel.setStreamHandler(plugin);
}
```

- Channel 名称：必须与 Flutter App 的 Channel 名称一致；

- MethodChannel 和 EventChannel 初始化的时候都需要传递 Registrar，即 FlutterActivity；

- 设置 MethodChannel 的 Handler，即 MethodCallHandler；

- 设置 EventChannel 的 Handler，即 EventChannel.StreamHandler。

（2）MethodCallHandler 和 EventChannel.StreamHandler

MethodCallHandler 实现 MethodChannel 的 Flutter App 调用 Native APIs；EventChannel.StreamHandler 实现 EventChannel 的 Native 调用 Flutter App。

```java
public class FlutterPluginBatteryLevel implements MethodCallHandler,
EventChannel.StreamHandler {

    /**
     * MethodCallHandler
     */
    @Override
    public void onMethodCall(MethodCall call, Result result) {
        if (call.method.equals("getBatteryLevel")) {
            Random random = new Random();
            result.success(random.nextInt(100));
        } else {
            result.notImplemented();
        }
    }


    /**
     * EventChannel.StreamHandler
     */
    @Override
    public void onListen(Object obj, EventChannel.EventSink eventSink)
{
```

```
        BroadcastReceiver chargingStateChangeReceiver =
createChargingState ChangeReceiver(events);
    }

    @Override
    public void onCancel(Object obj) {
    }

    private BroadcastReceiver
createChargingStateChangeReceiver(final EventSink events) {
        return new BroadcastReceiver() {
            @Override
            public void onReceive(Context context, Intent intent) {
                int status =
intent.getIntExtra(BatteryManager.EXTRA_STATUS, -1);

                if (status == BatteryManager.BATTERY_STATUS_UNKNOWN) {
                    events.error("UNAVAILABLE", "Charging status
unavailable", null);
                } else {
                    boolean isCharging = status ==
BatteryManager.BATTERY_STATUS_CHARGING ||
                        status ==
BatteryManager.BATTERY_STATUS_FULL;
                    events.success(isCharging ? "charging" :
"discharging");
                }
            }
        };
    }
}
```

通过下面三个方法实现桥接。

MethodCallHandler：

（1）public void onMethodCall(MethodCall call, Result result);

EventChannel.StreamHandler：

（2）public void onListen(Object obj, EventChannel.EventSink eventSink);

（3）public void onCancel(Object obj);

4. Plugin iOS 部分

（1）注册 Plugin

```
/**
 * Channel 名称：必须与 Flutter App 的 Channel 名称一致
 */
#define METHOD_CHANNEL "samples.flutter.io/battery";
#define EVENT_CHANNEL "samples.flutter.io/charging";

@implementation AppDelegate

- (BOOL)application:(UIApplication*)application
didFinishLaunchingWithOptions:(NSDictionary*)launchOptions {
   /**
    * 注册 Plugin
    */
   [GeneratedPluginRegistrant registerWithRegistry:self];

   /**
    * FlutterViewController
    */
   FlutterViewController* controller =
(FlutterViewController*)self.window. rootViewController;

   /**
    * FlutterMethodChannel & Handler
    */
   FlutterMethodChannel* batteryChannel = [FlutterMethodChannel
methodChannelWithName:METHOD_CHANNEL binaryMessenger:controller];
   [batteryChannel setMethodCallHandler:^(FlutterMethodCall* call,
```

```
FlutterResult result) {
    if ([@"getBatteryLevel" isEqualToString:call.method]) {
        int batteryLevel = [self getBatteryLevel];
        result(@(batteryLevel));
    } else {
        result(FlutterMethodNotImplemented);
    }
}];

/**
 * FlutterEventChannel & Handler
 */
FlutterEventChannel* chargingChannel = [FlutterEventChannel
eventChannelWithName:EVENT_CHANNEL binaryMessenger:controller];
[chargingChannel setStreamHandler:self];

return [super application:application
didFinishLaunchingWithOptions:launchOptions];
}

@end
```

iOS 的 Plugin 注册流程与 Android 一致，只需要注册到 AppDelegate（FlutterAppDelegate）。

FlutterMethodChannel 和 FlutterEventChannel 被 绑 定 到 FlutterViewController。

（2）FlutterStreamHandler

```
@interface AppDelegate () <FlutterStreamHandler>

@property (nonatomic, copy)  FlutterEventSink    eventSink;

@end
```

```objc
- (FlutterError*)onListenWithArguments:(id)arguments
eventSink:(FlutterEventSink)eventSink {
    self.eventSink = eventSink;

    // 监听电池状态
    [[NSNotificationCenter defaultCenter] addObserver:self

selector:@selector(onBatteryStateDidChange:)

name:UIDeviceBatteryStateDidChangeNotification
                                    object:nil];
    return nil;
}

- (FlutterError*)onCancelWithArguments:(id)arguments {
    [[NSNotificationCenter defaultCenter] removeObserver:self];
    self.eventSink = nil;
    return nil;
}

- (void)onBatteryStateDidChange:(NSNotification*)notification {
    if (self.eventSink == nil) return;
    UIDeviceBatteryState state = [[UIDevice currentDevice]
batteryState];
    switch (state) {
        case UIDeviceBatteryStateFull:
        case UIDeviceBatteryStateCharging:
        self.eventSink(@"charging");
        break;
        case UIDeviceBatteryStateUnplugged:
        self.eventSink(@"discharging");
        break;
      default:
        self.eventSink([FlutterError
errorWithCode:@"UNAVAILABLE"
                                    message:@"Charging status
unavailable"
```

```
                                                details:nil]);
          break;
      }
}
```

2.1.4 加载 Plugin

现在已经有了 Plugin，但是如何把它加载到 Flutter App 项目中呢？

Pub 是 Dart 语言提供的 Packages 管理工具。Packages 有 2 种类型：Dart Packages，只包含 Dart 代码，如"浏览大图 Widget"；Plugin Packages，包含的 Dart 代码能够调用 Android 和 iOS 实现的 Native APIs，如"获取剩余电量 Plugin"。

1. 将一个 Package 添加到 Flutter App 中

- 通过编辑 pubspec.yaml（在 App 根目录下）管理依赖。

- 运行 flutter packages get，或者在 IntelliJ 里单击"Packages Get"按钮。

- 引用 package，重新运行 App。

管理依赖有三种方式：Hosted packages、Git packages 和 Path packages。

2. Hosted packages

如果希望 Pulgin 给更多的人使用，可以把它发布到 pub.dartlang.org。

（1）发布 Hosted packages

```
$flutter packages pub publish --dry-run
$flutter packages pub publish
```

（2）加载 Hosted packages。编辑 pubspec.yaml，如下所示。

```
dependencies:
url_launcher: ^3.0.0
```

3. Git packages（远端）

如果代码不需要经常改动，或者不希望别人修改这部分代码，可以用 Git 管理。先创建一个 Plugin（flutterremotepackage），并将它传到 Git 上，然后打标签。

```
// cd 到 flutter_remote_package
flutter_remote_package $:git init
flutter_remote_package $:git remote add origin
git@gitlab.alibaba-inc. com:churui/flutter_remote_package.git
flutter_remote_package $:git add .
flutter_remote_package $:git commit
flutter_remote_package $:git commit -m"init"
flutter_remote_package $:git push -u origin master
flutter_remote_package $:git tag 0.0.1
```

加载 Git packages，编辑 pubspec.yaml，如下所示。

```
dependencies:
 flutter_remote_package:
  git:
   url:
git@gitlab.alibaba-inc.com:churui/flutter_remote_package.git
   ref: 0.0.1
```

ref 可以指定某个 commit、branch 或者 tag。

4. Path packages（本地）

如果代码没有特殊的场景要求，可以直接把 Package 放到本地，这样开发和调试的时候都很方便。

在 Flutter App 项目根目录（flutterapp）下，创建文件夹（plugins），然后把插件（flutterplugin_batterylevel）移动到 plugins 下，如图 2-6 所示。

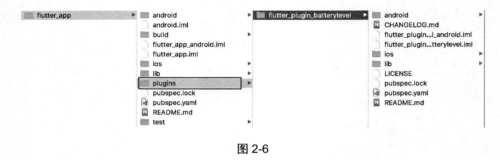

图 2-6

加载 Path packages，编辑 pubspec.yaml，如下所示。

```
dependencies:
  flutter_plugin_batterylevel:
    path: plugins/flutter_plugin_batterylevel
```

2.1.5　遇到的问题

1. 用 XCode 编辑 Plugin

在 pubspec.yaml 里添加了依赖，但是打开 iOS 工程时却看不到 Plugin。这时需要执行 pod install（或 pod update）。

2. iOS 编译没问题，但是运行时找不到 Plugin

```
@implementation AppDelegate

- (BOOL)application:(UIApplication *)application
didFinishLaunchingWithOptions: (NSDictionary *)launchOptions {
  // Plugin 注册方法
  [GeneratedPluginRegistrant registerWithRegistry:self];

  // 显示 Window
  self.window = [[UIWindow alloc] initWithFrame:[[UIScreen
```

```
mainScreen] bounds]];
    [self.window setRootViewController:[[FlutterViewController
alloc] initWithNibName:nil bundle:nil]]];
    [self.window setBackgroundColor:[UIColor whiteColor]];
    [self.window makeKeyAndVisible];

    return [super application:application
didFinishLaunchingWithOptions: launchOptions];
}

@end
```

因为[GeneratedPluginRegistrant registerWithRegistry:self]是默认注册到 self.window.rootViewController 的，所以需要先初始化 rootViewController，再注册 Plugin。

3. Native 调用 Flutter 失败

Flutter App 启动后，Native 调用 Flutter 失败？

这是因为 Plugin Channel 的初始化大概要 1.5s，而且这是一个异步过程。虽然 Flutter 页面显示出来了，但是 Plugin Channel 还没有完成初始化，所以 Native 无法成功调用 Flutter。

4. iOS Plugin 注册到指定的 FlutterViewController

闲鱼首页是 Native 页面，所以 Window 的 rootViewController 不是 FlutterViewController，直接注册 Plugin 会失败，需要将 Plugin 注册到指定的 FlutterViewController。

```
28  @interface FlutterAppDelegate : UIResponder<UIApplicationDelegate, FlutterPluginRegistry>
29
30  @property(strong, nonatomic) UIWindow* window;
31
32  // Can be overriden by subclasses to provide a custom FlutterBinaryMessenger,
33  // typically a FlutterViewController, for plugin interop.
34  //
35  // Defaults to window's rootViewController.
36  - (NSObject<FlutterBinaryMessenger>*)binaryMessenger;
37
38  // Can be overriden by subclasses to provide a custom FlutterTextureRegistry,
39  // typically a FlutterViewController, for plugin interop.
40  //
41  // Defaults to window's rootViewController.
42  - (NSObject<FlutterTextureRegistry>*)textures;
43
44  @end
```

```
- (NSObject<FlutterBinaryMessenger>*)binaryMessenger;
- (NSObject<FlutterTextureRegistry>*)textures;
```

我们需要在 AppDelegate 中重写上面两个方法，在方法内返回需要指定的 FlutterViewController。

2.1.6　延展讨论

Flutter 作为应用层的 UI 框架，因为底层依赖 Native，所以 Flutter App 调用 Native APIs 的应用场景比较多。

在 Plugin 方法调用过程中，可能会遇到传递复杂参数的情况（有时需要传递对象），但是 Plugin 的参数是经 JSON 序列化后的二进制数据，所以传递参数必须是可 JSON 序列化的。应该有一层对象映射层，来支持传递对象。

Plugin 具有传递 textures（纹理）的能力，闲鱼的 Flutter 视频播放实际上用的是 Native 播放器，然后将 textures 传递给 Flutter App。

2.2　基于外接纹理的同层渲染

2013 年，我们在做群视频通话项目的时候，多路视频渲染成了一个非常大的性能瓶颈。原因是每一路画面的高速上屏操作（PresentRenderBuffer or SwapBuffer，即渲染缓冲区的渲染结果呈现到屏幕上），消耗了非常多的 CPU 和 GPU 资源。

当时的方法是将绘制和上屏操作进行分离，将多路画面抽象到一个绘制树中，对其进行遍历绘制。绘制完成以后统一做上屏操作，并且每一路画面不再单独触发上屏操作，而是统一由 Vsync 信号触发，这样极大地降低了性能开销。

甚至想过将整个 UI 界面都由 OpenGL 进行渲染，这样还可以进一步降低界面内如声音频谱、呼吸效果等动画的性能开销，但由于各种条件限制，最终没有去践行这个想法。

2.2.1　Flutter 渲染框架

如图 2-7 所示为 Flutter 的一个简单的渲染框架。

Layer Tree 是 Dart Runtime 输出的一个树状数据结构，树上的每一个叶子节点代表了一个界面元素（Button、Image 等）。

Skia 是 Google 公司提出的一个跨平台渲染框架，Skia 的底层最终都是通过调用 OpenGL 绘制的，但 Vulkan 支持还不太好，也不支持 Metal。

Shell 特指平台特性（Platform）的一部分，包含 iOS 和 Android 平台相关的实现，包括 EAGLContext 管理、上屏操作以及外接纹理实现等。

从图 2-7 中可以看出，当 Runtime 完成 Layout 输出一个 Layertree 后，在管线中会遍历 Layertree 的每一个叶子节点。每一个叶子节点最终会调用 Skia 引擎并完成界面元素的绘制。在完成遍历后，再调用 glPresentRenderBuffer（iOS）或者 glSwapBuffer（Android）完成上屏操作。

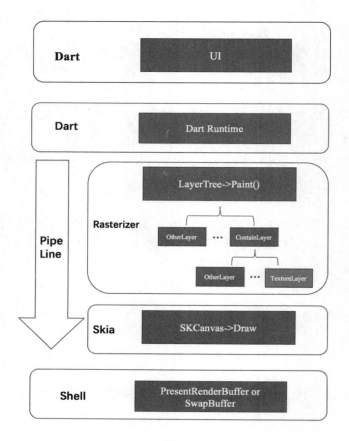

图 2-7

基于这个基本原理，Flutter 在 Native 和 Flutter Engine 上实现了 UI 隔离，书写 UI 代码时不用再关心平台实现，从而实现了跨平台。

2.2.2 存在的问题

Flutter 在与 Native 隔离的同时，也在 Flutter Engine 和 Native 之间竖立了"一座大山"。Flutter 想要获取一些 Native 侧的高内存占用图像，如摄像头帧、视频帧、相册图片等，会变得困难重重。传统的如 React Native、Weex 等通过桥接 NativeAPI 可以直接获取这些数据，但是 Flutter 从基本原理上就决定了无法直接获取到这些数据。Flutter 定义的 Channel 机制从本质上说是提供了一个消息传送机制，用于图像等数据的传输，这必然会引起内存和 CPU 的巨大消耗。

2.2.3　解决方法

为此，Flutter 提供了一种特殊的机制：外接纹理，如图 2-8 所示。

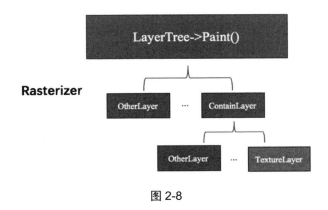

图 2-8

在图 2-8 中，每一个叶子节点代表了 Dart 代码排版的一个控件，可以看到最后有一个 TextureLayer 节点。这个节点对应的是 Flutter 中的 Texture 控件（这里的 Texture 与 GPU 的 Texture 不同，它是 Flutter 的控件）。当在 Flutter 里创建出一个 Texture 控件时，表示在这个控件上显示的数据需要由 Native 提供。

以下是 iOS 端的 TextureLayer 节点的最终绘制代码（Android 与之类似，但是纹理获取方式略有不同），整体过程可以分为三步。

第一，调用 external_texture copyPixelBuffer，获取 CVPixelBuffer。

第二，CVOpenGLESTextureCacheCreateTextureFromImage 创建 OpenGL 的 Texture（这个是真的 Texture）。

第三，将 OpenGL Texture 封装成 SKImage，调用 Skia 的 DrawImage 并完成绘制。

```
void IOSExternalTextureGL::Paint(SkCanvas& canvas, const SkRect&
bounds) {
  if (!cache_ref_) {
    CVOpenGLESTextureCacheRef cache;
    CVReturn err = CVOpenGLESTextureCacheCreate(kCFAllocatorDefault,
NULL,
                                          [EAGLContext
currentContext], NULL, &cache);
    if (err == noErr) {
      cache_ref_.Reset(cache);
    } else {
      FXL_LOG(WARNING) << "Failed to create GLES texture cache: " <<
err;
      return;
    }
  }
  fml::CFRef<CVPixelBufferRef> bufferRef;
  bufferRef.Reset([external_texture_ copyPixelBuffer]);
  if (bufferRef != nullptr) {
    CVOpenGLESTextureRef texture;
    CVReturn err = CVOpenGLESTextureCacheCreateTextureFromImage(
        kCFAllocatorDefault, cache_ref_, bufferRef, nullptr,
GL_TEXTURE_2D, GL_RGBA,
        static_cast<int>(CVPixelBufferGetWidth(bufferRef)),
        static_cast<int>(CVPixelBufferGetHeight(bufferRef)),
GL_BGRA, GL_UNSIGNED_BYTE, 0, &texture);
    texture_ref_.Reset(texture);
    if (err != noErr) {
      FXL_LOG(WARNING) << "Could not create texture from pixel buffer:
" << err;
      return;
    }
  }
  if (!texture_ref_) {
```

```
   return;
 }
 GrGLTextureInfo textureInfo =
{CVOpenGLESTextureGetTarget(texture_ref_),
CVOpenGLESTextureGetName(texture_ref_), GL_RGBA8_OES};

 GrBackendTexture backendTexture(bounds.width(), bounds.height(),
GrMipMapped::kNo, textureInfo);
 sk_sp<SkImage> image =
    SkImage::MakeFromTexture(canvas.getGrContext(),
backendTexture, kTopLeft_GrSurfaceOrigin,
                       kRGBA_8888_SkColorType,
kPremul_SkAlphaType, nullptr);

 if (image) {
   canvas.drawImage(image, bounds.x(), bounds.y());
 }
}
```

最核心的在于 externaltexture 对象，它是从哪里来的呢？

```
void PlatformViewIOS::RegisterExternalTexture(int64_t
texture_id,NSObject<FlutterTexture>*texture) {

RegisterTexture(std::make_shared<IOSExternalTextureGL>(texture_id
,texture));
}
```

可以看到，当 Native 侧调用 RegisterExternalTexture 之前，需要创建一个实现了 FlutterTexture 的对象，而这个对象最终赋值给 externaltexture。externaltexture 就是 Flutter 和 Native 之间的一座"桥梁"，在渲染时可以通过这个"桥梁"源源不断地获取当前所要展示的图像数据。

如图 2-9 所示，实际上 Flutter 和 Native 传输的数据载体就是 PixelBuffer，Native 端的数据源（摄像头、播放器等）将数据写入 PixelBuffer，Flutter 拿到 PixelBuffer 以后转成 OpenGLES Texture，交由 Skia 绘制。

图 2-9

　　至此，Flutter 就可以容易地绘制出一切 Native 端想要绘制的数据，除了摄像头、播放器等动态图像数据，其他 Image 控件等也可以用这种方案去实现。尤其对于 Native 端已经有大型图片加载库的情况，如果要在 Flutter 端用 Dart 写一份也是非常耗时耗力的。上述的整套流程，看似完美解决了 Flutter 展示 Native 端大数据的问题，但是还有许多现实问题。

　　如图 2-10 所示为工程实践中视频和图像数据的处理过程，为了性能考虑，通常都会在 Native 端使用 GPU 进行处理，而 Flutter 端定义的接口为 copyPixelBuffer，所以整个数据要经过 GPU→CPU→GPU 的流程。而 CPU 和 GPU 的内存交换是最耗时的操作，一来一回，通常消耗的时间比整个管道处理的时间都要长。

　　既然 Skia 渲染的引擎需要 GPU Texture，而 Native 数据处理输出的就是 GPU Texture，那能不能直接就用这个 Texture 呢？答案是肯定的，但是有个前提条件——EAGLContext 的资源共享。这里的 Context 是上下文，用来管理当前 GL 环境，可以保证不同环境下资源的隔离。

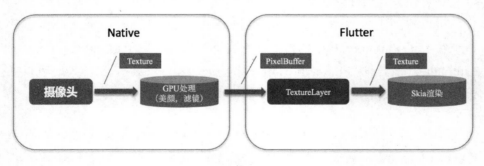

图 2-10

首先需要介绍 Flutter 的线程结构，如图 2-11 所示。

图 2-11

Flutter 在通常情况下会创建 4 个 Runner，Runner 类似于 iOS 的 GCD，是以队列的方式执行任务的一种机制。在通常情况下，一个 Runner 会对应一个线程，这里和本文相关的有三个 Runner：GPU Runner、I/ORunner 和 Platform Runner。

- GPU Runner：负责 GPU 的渲染相关操作。

- I/O Runner：负责资源的加载操作。

- Platform Runner：运行在主线程上，负责 Native 与 Flutter Engine 的所有交互。

一个使用 OpenGL 的 App 线程设计都会有一个线程负责加载资源（图片到纹理），一个线程负责渲染。但是经常会发现为了让加载线程创建出来的纹理能够在渲染线程中使用，两个线程会共用一个 EAGLContext。但是从规范上来说，这样使用是不安全的，多线程访问同一对象加锁的话不可避免会影响性能，代码处理不好甚至会引起死锁。因此，在 EAGLContext 的使用方面，Flutter 使用了另一种机制：两个线程各自使用自己的 EAGLContext，彼此通过 ShareGroup（Android 为 shareContext）共享纹理数据。

对于 Native 侧使用 OpenGL 的模块，也会在自己的线程下面创建出自己线程对应的 Context。为了让 Context 创建出来的 Texture 能够输送给 Flutter 端，并交由 Skia 完成绘制，在 Flutter 创建内部的两个 Context 时，将它们的 ShareGroup 透出，然后在 Native 侧保存 ShareGroup。当 Native 创建 Context 时，都会使用 ShareGroup 进行创建。这样就实现了 Native 和 Flutter 之间的纹理共享，如图 2-12 所示。

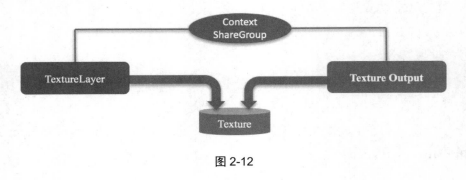

图 2-12

通过这种方式来做 external_texture 有两个好处：

第一，节省 CPU 时间。从我们的测试结果来看，Android 机型上一帧 720P 的 RGBA 格式的视频，从 GPU 读取到 CPU 需要 5ms 左右，从 CPU 再传送到 GPU 又需要 5ms 左右，即使引入了 PBO，也还有 5ms 左右的耗时，这对于高帧率场景显然是不能接受的。

第二，节省 CPU 内存。数据都在 GPU 中传递，对于图片场景尤其适用，因为可能同一时间会有很多图片需要展示。

至此，已经介绍了 Flutter 外接纹理的基本原理以及优化策略。但是大家可能会有疑惑，既然直接用 Texture 作为外接纹理这么好，为什么 Flutter 官方要用 Pixelbuffer？如果使用 Texture，必然需要将 ShareGroup 透出，也就是相当于将 Flutter 的 GL 环境开放了。如果环境隔离，随便操作 deleteTexture，则 deleteFrameBuffer 不会影响其他环境下的对象；但是如果环境打通，这些操作很可能会影响 Flutter 的 Context 下的对象。所以，作为一个框架的设计者，保证框架的封闭完整性才是首要的。

在开发过程中，闲鱼碰到一个奇怪的问题，定位了很久才发现是因为在主线程没有 setCurrentContext 的情况下，调用了 glDeleteFrameBuffer，从而误删了 Flutter 的 FrameBuffer，导致 Flutter 渲染时崩溃。所以，如果采用这种方案，Native 端的 GL 相关操作务必至少遵从：尽量不要在主线程做 GL 操作；在有 GL 操作的函数调用前，要加上 setCurrentContext。

还有一点就是本文的大多数逻辑都是以 iOS 端为范例进行陈述的，Android 整体原理是一致的，但是具体实现方法稍有不同。Android 端 Flutter 自带的外接纹理是用 SurfaceTexture 实现的，其机理其实也是 CPU 内存到 GPU 内存的拷贝。Android OpenGL 没有 ShareGroup 的概念，用的是 shareContext，也就是直接把 Context 传出去。并且 Shell 层中 Android 的 GL 实现是基于 C++ 的，所以 Context 是一个 C++ 对象，要将这个 C++ 对象和 AndroidNative 端的 Java Context 对象进行共享，需要在 jni 层按以下方式调用。

```
static jobject GetShareContext(JNIEnv* env, jobject jcaller, jlong
shell_holder) {
  void* cxt = ANDROID_SHELL_HOLDER->GetPlatformView()->GetContext();

  jclass versionClass = env->FindClass("android/os/Build$VERSION" );
  jfieldID sdkIntFieldID = env->GetStaticFieldID(versionClass,
"SDK_INT", "I" );
  int sdkInt = env->GetStaticIntField(versionClass, sdkIntFieldID );
  __android_log_print(ANDROID_LOG_ERROR, "andymao",
"sdkInt %d",sdkInt);
  jclass eglcontextClassLocal =
env->FindClass("android/opengl/EGLContext");
  jmethodID eglcontextConstructor;
  jobject eglContext;
  if (sdkInt >= 21) {
    //5.0and above
    eglcontextConstructor=env->GetMethodID(eglcontextClassLocal,
"<init>", "(J)V");
    if ((EGLContext)cxt == EGL_NO_CONTEXT) {
```

```
      return env->NewObject(eglcontextClassLocal,
eglcontextConstructor,
                       reinterpret_cast<jlong>(EGL_NO_CONTEXT));
    }
    eglContext = env->NewObject(eglcontextClassLocal,
eglcontextConstructor,
                         reinterpret_cast<jlong>(jlong(cxt)));
  }else{
    eglcontextConstructor=env->GetMethodID(eglcontextClassLocal,
"<init>", "(I)V");
    if ((EGLContext)cxt == EGL_NO_CONTEXT) {
      return env->NewObject(eglcontextClassLocal,
eglcontextConstructor,
                       reinterpret_cast<jlong>(EGL_NO_CONTEXT));
    }
    eglContext = env->NewObject(eglcontextClassLocal,
eglcontextConstructor,
                         reinterpret_cast<jint>(jint(cxt)));
  }

  return eglContext;
}
```

2.3　多媒体能力扩展实践

2.3.1　背景

　　在开发图片、视频相关功能时，相册是一个绕不开的话题，因为开发人员大多有从相册获取图片或视频的需求。最直接的方式是调用系统相册接口，虽然能满足基本功能，却无法满足一些高级功能，例如自定义 UI、多选图片等。

2.3.2　设计思路

闲鱼的相册组件 API 使用简单，功能丰富灵活，具有较高的订制性。业务方可以选择完全接入组件，也可以选择在组件上进行 UI 定制。

Flutter 设计了 UI 展现层，具体的数据由各 Native 平台提供。这种模式天然地从工程上把 UI 和数据进行了隔离。我们在开发一个 Native 组件的时候，常常会使用 MVC 架构。Flutter 组件的开发思路也基本类似，整体架构如图 2-13 所示。

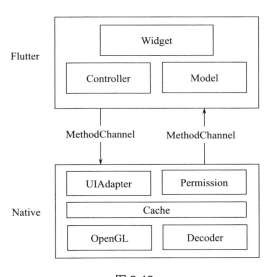

图 2-13

可以看出，在 Flutter 侧是一个典型的 MVC 架构，Model 就是代表图片、视频的实体类，Widget 就是 View，Controller 就是调用各平台的一些接口。在 Model 改变的时候，View 会重建反映出 Model 的变化。View 的事件会触发 Controller 去 Native 中获取数据，然后更新 Model。Native 和 Flutter 通过 Method Channel 进行通信，两层之间没有强依赖关系，只需要按约定的协议进行通信即可。

对于 Native 侧的组成部分，UIAdapter 主要负责机型的适配、刘海屏、全面屏等的识别。Permission 负责媒体读写权限的申请处理。Cache 主要负责缓存 GPU 纹理，在大图预览的时候提高响应速度。Decoder 负责解析 Bitmap。OpenGL 负责 Bitmap 转纹理。

需要说明的是，整个相册组件看到的大多数图片都是一个 GPU 纹理，这样 Java 堆内存的占用相对于以前的相册实现会大幅度降低。在低端机上面，如果使用原生的系统相册，由于内存的原因，在应用放到后台的时候有被系统杀掉的风险。现象是从系统相册返回，App 重新启动了。而使用 Flutter 相册组件，在低端机上面体验会有所改观。

2.3.3　一些难点

1. 分页加载

相册列表需要加载大量图片，Flutter 的 GridView 组件有好几个构造函数，比较容易犯的错误是使用了第一个函数，这需要在一开始就提供大量的 Widget。应该选择第二个构造函数，GridView 在滑动的时候会回调 IndexedWidgetBuilder 来获取 Widget，相当于一种懒加载。

```
GridView.builder({
  ...
  List<Widget> children = const <Widget>[],
  ...
})
GridView.builder({
  ...
  @required IndexedWidgetBuilder itemBuilder,
  int itemCount,
  ...
})
```

在滑动过程中，图片滑过后，也就是不可见的时候要进行资源的回收，对应的就是纹理的删除。不断地滑动 GridView，内存在上升后会处于稳定状态，不会一直增长。如果快速地来回滑动纹理，会反复地创建和删除，这样会有内存的抖动，体验不是很好。

于是，我们维护了一个图片的状态机，状态有 None、Loading、Loaded、Wait_Dispose 和 Disposed。当开始加载的时候，状态从 None 进入 Loading，这个时候用户看到的是空白或占位图。当数据回调时，会把状态设置为 Loaded，这时候会重新创建 Widget 树来显示图片 Icon。当用户滑走的时候，状态进入 Wait_Dispose，这时候并不会马上销毁。如果用户又滑回来，则会从 Wait_Dispose 状态进入 Loaded 状态，而不会继续销毁。如果用户没有往回滑，则会从 Wait_Dispose 状态进入 Disposed 状态。当进入 Disposed 状态后，再需要显示该图片的时候就需要重新执行加载流程了。

2. 相册大图展示

当点击 GridView 的某张图片的时候，会展示这张图片的大图，用户查看起来更清楚。因为相机拍摄的图片分辨率都是很高的，如果完全加载，内存会有很大的开销，所以在解码 Bitmap 的时候进行了缩放，最高只到 1080 像素。Android 原生的 Bitmap 解码经验同样适用，先解码出 Bitmap 的宽度和高度，然后根据要展示的大小计算出缩放倍数，然后解码出需要的 Bitmap。

Android 相册的图片大多是有旋转角度的，如果不处理而直接显示，会出现照片旋转 90° 的问题，所以需要对 Bitmap 进行旋转。采用 Matrix 旋转一张 1080 像素的图片，在测试机器上面大概需要 200ms。如果使用 OpenGL 的纹理坐标进行旋转，大约只需要 10ms，所以采用 OpenGL 进行纹理的旋转是一个较好的选择。

在进行大图预览的时候会进入一个水平滑动的 PageView，Flutter 的 PageView 一般来说是不会主动加载相邻的 Page 的。这里有一个巧妙的办法，对于 PageController 的 ViewportFraction 参数，可以设置为 0.9999，如下所示。

```
PageController(viewportFraction=0.9999)
```

还有另外一种办法，就是在 Native 侧做预加载。例如，在加载第 5 张图片的时候，提前加载相邻的第 4 张和第 6 张图片纹理，当滑动到第 4 张和第 6 张的时候，直接使用缓存的纹理。

3. 内存

相册图片使用 GPU 纹理后，会大幅减少 Java 堆内存的占用，对整个 App 的性能有一定的提升。但需要注意的是，GPU 的内存是有限的，需要在使用完毕后及时删除，不然会有内存的泄漏风险。另外，在 Android 平台删除纹理的时候，需要保证在 GPU 线程中进行，否则删除是无效的。

在华为 P8、Android5.0 系统上面进行了对比测试，Flutter 相册和原 Native 相册总内存占用基本一致。在 GridView 列表页面，新增最大内存为 13MB 左右。它们的区别在于原 Native 相册使用的是 Java 堆内存，Flutter 相册使用的是 Native 内存或者 Graphic 内存。

2.3.4 总结

这套相册组件 API 简单、易用、高度可定制。Flutter 侧层次分明，如有 UI 订制需求，可以重写 Widget 来达到目的。另外，这是一个不依赖于系统相册的相册组件，自身是完备的，能够和现有的 App 保持 UI、交互的一致性，同时为后面支持更多和相册相关的玩法打好基础。

由于目前使用的是 GPU 纹理，可以考虑支持显示高清 4K 图片，而且对客户端内存要求不会有太高。但是 4K 图片的 Bitmap 转纹理需更多的时间，UI 交互方面需要做些加载状态的支持。

2.4　富文本能力应用实践

一个电商 App 商品详情页是非常重要的场景，其中最主要的技术需求是文字混排。闲鱼面对文本类的需求是复杂而且多变的，然而在 Flutter 的几个历史版本中，Text 只能显示简单样式的文本，它只有包含一些控制文本样式显示的属性，而通过 TextSpan 连接实现的 RichText 也只能显示多种文本样式，例如一个基础文本片段和一个链接片段，这些远远达不到设计的需求。因此，需要开发一个功能更强的文字混排组件就变得迫在眉睫。

2.4.1　富文本的原理

在讲文字混排组件设计实现之前，先来介绍系统 RichText 的富文本原理。

1. 创建过程

如图 2-14 所示，创建 RichText 节点的时候会创建以下几个对象：

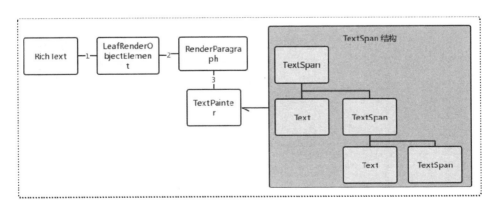

图 2-14

- 先创建 LeafRenderObjectElement 实例。

- ComponentElement 方法当中会调用 RichText 实例的 CreateRenderObject 方法，生成 RenderParagraph 实例。

- RenderParagraph 会创建 TextPainter，负责宽度和高度计算以及文本到 Canvas 绘制的代理类，同时 TextPainter 持有 TextSpan 文本结构。

RenderParagraph 实例最后会将自身登记到渲染模块的 Dirty Nodes 中去，渲染模块会遍历 Dirty Nodes，进入 RenderParagraph 渲染环节。

2. 渲染过程

如图 2-15 所示，RenderParagraph 方法当中封装的是将文本绘制到 Canvas 上面的逻辑，主要是用了 TextPainter 模块，其调用过程遵循 RenderObject 调用。

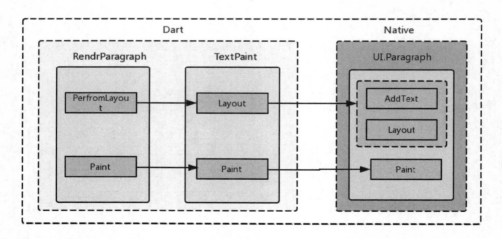

图 2-15

在 PerfromLayout 过程中，通过调用 TextPaint 的 Layout，在过程中通过 TextSpan 结构树，依次通过 AddText 添加各个阶段的文本，最后通过 Paragraph 的 Layout 计算文本高度。

在 Paint 过程中，先绘制 clipRect，接着通过 TextPaint 的 Paint 函数调用，通过 Paragraph 的 Paint 绘制文本，最后绘制 drawRect。

2.4.2 设计思路

通过 RichText 的文本绘制原理，不难发现 TextSpan 记录了各段文本信息，TextPaint 通过记录的信息调用 Native 接口并计算宽度和高度，以及将文本绘制到 Canvas 上面。传统的方案实现复杂的混排，会通过 HTML 做一个 WebView 的富文本。使用 WebView 在性能上自然不及原生实现，出于性能的考虑，设想通过原生的方式实现图文混排。一开始的方案是设计几种特殊的 Span（例如 ImageSpan、EmojiSpan 等），通过 Span 记录的信息，在 TextPaint 的 Layout 重新根据各种类型计算布局。在 Paint 过程中再分别绘制特殊的 Widget，然而这种方案对上面几个涉及的类封装破坏得特别大，需要将 RichText、RenderParagraph 源码复制出来重新修改。最后设想是可以通过特殊的文字（如空字符串）先占位置，然后在这个文字的位置上把特殊的 Span 分别独立移动到上面，如图 2-16 所示。

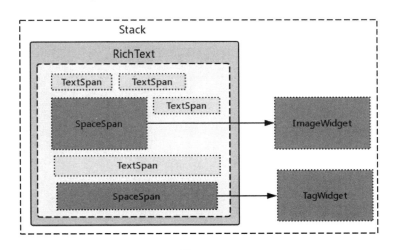

图 2-16

然而，这种方案会带来两个难点：

（1）难点一：如何在文本中先占位，并且能制定任意想要的宽度和高度。

\u200B 字符代表 ZERO WIDTH SPACE（宽带为 0 的空白），结合针对 TextPainter 的测试，我们发现 Layout 出来的宽度总是 0，fontSize 只决定了高度，结合 TextStyle 里面的 letterSpacing，就能任意地控制这个特殊文字的宽度和高度。

```
/// The amount of space (in logical pixels) to add between each letter
/// A negative value can be used to bring the letters closer.
final double letterSpacing;
```

（2）难点二：如何将特殊的 Span 移动到位置上面。

通过上面的测试不难发现，特殊的 Span 其实还是独立的，Widget 和 RichText 并不融合。所以需要知道当前 Widget 相对 RichText 空间的相对位置，并且结合 Stack 将它们融合。结合 TextPaint 里面的 getOffsetForCaret 方法，可以天然地获取当前占位符的相对位置。

```
/// Returns the offset at which to paint the caret.
///
/// Valid only after [layout] has been called.
Offset getOffsetForCaret(TextPosition position, Rect
caretPrototype)
```

2.4.3 关键部分代码实现

- 统一的占位 SpaceSpan。

```
SpaceSpan({
    this.contentWidth,
    this.contentHeight,
    this.widgetChild,
    GestureRecognizer recognizer,
```

```
}) : super(
      style: TextStyle(
         color: Colors.transparent,
         letterSpacing: contentWidth,
         height: 1.0,
         fontSize:
            contentHeight),
      text: '\u200B',
      recognizer: recognizer);
```

- SpaceSpan 相对位置获取。

```
for (TextSpan textSpan in widget.text.children) {
    if (textSpan is SpaceSpan) {
      final SpaceSpan targetSpan = textSpan;
      Offset offsetForCaret = painter.getOffsetForCaret(
        TextPosition(offset: textIndex),
        Rect.fromLTRB(
          0.0, targetSpan.contentHeight, targetSpan.contentWidth,
0.0),
      );
      ........
    }
    textIndex += textSpan.toPlainText().length;
  }
```

- RichtText 和 SpaceSpan 融合。

```
   Stack(
       children: <Widget>[
       RichText(),
       Positioned(left: position.dx, top: position.dy, child:
child),
      ],
    );
  }
```

2.4.4　效果

如图 2-17 所示，这种方案的优点是任意 Widget 可通过 SpaceSpan 和 RichText 进行组合，无论是图片、自定义标签，甚至是按钮都可以融合进来，同时对 RichText 本身封装性破坏较小。

图 2-17

上面只是富文本显示的部分，依然存在很多局限，还有较多需要优化的地方，目前通过 SpaceSpan 控件，必须要指定宽度和高度。另外，对于文本选择、自定义文字背景等，都是无法支持的，其次可以使富文本编辑器在编辑文字时，也支持图片、货币格式化等。

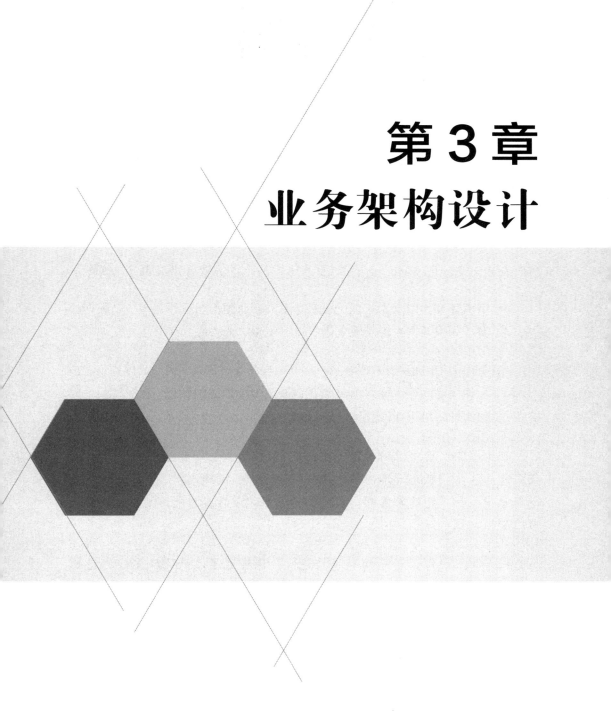

第 3 章
业务架构设计

3.1 应用框架设计实践

闲鱼在 GitHub 上开源的 Fish Redux 是一个基于 Redux 数据管理的组装式 Flutter 应用框架，特别适用于构建大中型的复杂应用，最显著的特征是函数式的编程模型、可预测的状态管理、可插拔的组件体系和最佳的性能表现。下面将详细介绍 Fish Redux 的特点和使用方法。

3.1.1 Fish Redux 开源背景及技术架构

在接入 Flutter 之初，闲鱼的业务比较复杂，主要体现在两个方面：

- 页面需要集中状态管理，也就是说，页面的不同组件共享一个数据来源，如果数据来源发生变化，则需要通知页面的所有组件。

- 页面的 UI 展现形式比较多，如普通详情、闲鱼币详情、社区详情、拍卖详情等，工作量大。UI 组件需要尽可能地能被复用，也就是说，需要比较好地进行组件化切分。

在闲鱼尝试使用 Redux 以及 BLOC 框架的时候发现，没有任何一个框架既能解决集中状态管理问题，又能解决 UI 的组件化问题，因为这两个问题本身具有一定的矛盾性，即集中与分治的矛盾。因此，闲鱼希望用一套框架解决这些问题，Fish Redux 应运而生。

Fish Redux 经过了三次较大的迭代，也经过了团队比较多的讨论和思考。

第一个版本是基于社区内的 Flutter_Redux 进行改造的，核心是提供了 UI 代码的组件化。当然问题也非常明显，针对复杂的详情和发布业务，往往业务逻辑很多，无法做到逻辑代码的组件化。

第二个版本做出了比较重大的修改，虽然解决了 UI 代码和逻辑代码的分治问题，但按照 Redux 的标准，打破了 Redux 的原则，对于精益求精的闲鱼团队来讲是不能接受的。

第三个版本在重构时，闲鱼确立了整体的架构原则与分层要求。一方面，按照 ReduxJS 的代码进行了 Flutter 侧的 Redux 实现，将 Redux 的原则完整地保留下来；另一方面，针对组件化的问题，提供了 Redux 之上的 Component 的封装，并创新地通过这一层的架构设计提供了业务代码分治的能力。

至此，闲鱼完成了 Fish Redux 的基本设计。在后续的应用中，闲鱼又发现业务组装以后的代码性能问题，闲鱼再次提供了对应的解决方案，保障了在长列表场景下的问题。目前，Fish Redux 已经在线上稳定运行。

3.1.2　Fish Redux 技术解析

如图 3-1 所示，Fish Redux 架构自底向上分为两层，每一层用来解决不同层面的问题，下面依次展开介绍。

1. Redux

（1）Redux 可以做什么

Redux 是一个用来做预测、集中式、易调试、灵活性的数据管理框架，所有对数据的"增、删、改、查"等操作都由 Redux 集中负责。

（2）Redux 是怎么设计和实现的

传统的 OOP 在做数据管理时，往往是定义一些实体类，每一个实体类对外暴露一些 Public-API，用来操作内部数据。

对于函数式的做法，对数据的定义是一些 Struct（贫血模型），而操作数据的方法都统一到具有相同函数签名 (T, Action) => T 的 Reducer 中。

FP：Struct + Reducer = OOP:Bean（充血模型）

同时，Redux 加上了 FP 中常用的 Middleware（AOP）模式和 Subscribe 机制，给框架带来了极高的灵活性和扩展性。

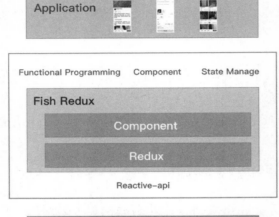

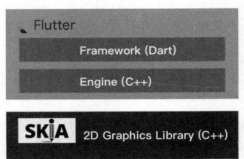

图 3-1

（3）Redux 的缺点

Redux 的核心是仅仅关心数据管理，不关心在什么场景中来使用它，这既是它的优点，也是它的缺点。

闲鱼在实际使用 Redux 的过程中遇到两个具体问题：

- Redux 集中和 Component 分治之间的矛盾。

- Redux 的 Reducer 需要一层层地手动组装，带来了烦琐性和易错性。

（4）Fish Redux 的改进

Fish Redux 通过 Redux 做集中化的可观察的数据管理。不仅如此，对于传统 Redux 在使用层面上的缺点，在面向端侧 Flutter 页面纬度开发的场景中，闲鱼同样做了改进。

一个组件需要定义一个数据（Struct）和一个 Reducer。同时，组件之间存在着父依赖子的关系。通过这层依赖关系，闲鱼解决了"集中"和"分治"之间的矛盾，同时对 Reducer 的手动层层组装成改变为由框架自动完成，大大降低了使用 Redux 的工作。闲鱼得到了理想的集中效果和分治代码。

（5）与社区标准的对齐

State、Action、Reducer、Store、Middleware 等概念和社区的 ReduxJS 是完全一致的，闲鱼原汁原味地保留了 Redux 的所有优势。

2. Component

组件（Component）是对局部的展示和功能的封装。基于 Redux 的原则，闲鱼将功能分为修改数据的功能（Reducer）和非修改数据的功能（副作用 Effect）。

于是，闲鱼得到了 View、Effect、Reducer 三部分，称为组件的三要素，分别负责组件的展示、非修改数据的行为和修改数据的行为。

这是一种面向当下，也面向未来的拆分。在面向当下的 Redux 来看，是数据管理和其他。在面向未来的 UI-Automation 来看，是 UI 表达和其他。

UI 表达即将进入黑盒时代，研发工程师们会把更多的精力放在非修改数据的行为和修改数据的行为上。

组件是对视图的分治，也是对数据的分治。通过逐层分治，闲鱼将复杂的页面和数据切分为相互独立的小模块，这将有利于团队内的协作开发。

（1）View

View 仅仅是一个函数签名：(T,Dispatch,ViewService) => Widget，它主要包含三方面的信息：

- 视图是完全由数据驱动的。

- 视图产生的事件和回调，通过 Dispatch 发出"意图"，不做具体的实现。

- 需要用到的组件依赖等，通过 ViewService 标准化调用。例如一个典型的符合 View 签名的函数。

```
Widget buildView(PageState state, Dispatch dispatch, ViewService
viewService) {
 final ListAdapter adapter = viewService.buildAdapter();
 return Scaffold(
  appBar: AppBar(
   backgroundColor: state.themeColor,
   title: const Text('ToDoList'),
  ),
  body: Container(
   child: Column(
    children: <Widget>[
```

```
    viewService.buildComponent('report'),
    Expanded(
        child: ListView.builder(
            itemBuilder: adapter.itemBuilder,
            itemCount: adapter.itemCount))
  ],
  ),
  ),
  floatingActionButton: FloatingActionButton(
    onPressed: () => dispatch(PageActionCreator.onAddAction()),
    tooltip: 'Add',
    child: const Icon(Icons.add),
  ),
);
}
```

（2）Effect

Effect 是对非修改数据行为的标准定义，它是一个函数签名：(Context, Action) => Object，主要包含四方面的信息：

- 接收来自 View 的"意图"，也包括对应的生命周期的回调，然后做出具体的执行。

- 它的处理可能是一个异步函数，数据可能在处理过程中被修改，所以闲鱼不推荐持有数据，而是通过上下文获取最新数据。

- 它不修改数据，如果需要修改，应该将一个 Action 发送到 Reducer 中去处理。

- 它的返回值仅限于 bool or Future，对应支持同步函数和协程的处理流程。

例如，良好的协程的支持，如下所示。

```
void _onRemove(Action action, Context<ToDoState> ctx) async {
  final String select = await showDialog<String>(
      context: ctx.context,
      builder: (BuildContext buildContext) {
        return AlertDialog(
          title: Text('Are you sure to delete "${ctx.state.title}"?'),
          actions: <Widget>[
            GestureDetector(
              child: const Text(
                'Cancel',
                style: TextStyle(fontSize: 16.0),
              ),
              onTap: () => Navigator.of(buildContext).pop(),
            ),
            GestureDetector(
              child: const Text('Yes', style: TextStyle(fontSize:
16.0)),
              onTap: () => Navigator.of(buildContext).pop('Yes'),
            )
          ],
        );
      });

  if (select == 'Yes') {

ctx.dispatch(ToDoActionCreator.removeAction(ctx.state.uniqueId));
  }
}
```

（3）Reducer

Reducer 是一个完全符合 Redux 规范的函数签名：(T,Action) => T，一些符合签名的 Reducer 如下所示。

```
PageState _initToDosReducer(PageState state, Action action) {
  final List<ToDoState> toDos = action.payload ?? <ToDoState>[];
  final PageState newState = state.clone();
```

```
newState.toDos = toDos;
return newState;
}
```

同时，闲鱼以显式配置的方式完成大组件所依赖的小组件、适配器的注册，这份依赖配置称为 Dependencies。

所以，有这样的公式：Component = View + Effect（可选）+ Reducer（可选）+ Dependencies（可选）。

一个典型的组装例子如下所示。

```
class ToDoListPage extends Page<PageState, Map<String, dynamic>> {
  ToDoListPage()
    : super(
      initState: initState,
      effect: buildEffect(),
      reducer: buildReducer(),
      view: buildView,
      dependencies: Dependencies<PageState>(
        adapter: NoneConn<PageState>() + ToDoListAdapter(),
        slots: <String, Dependent<PageState>>{
          'report': ReportConnector() + ReportComponent()
        }),
      );
}
```

通过对组件的抽象，闲鱼得到了完整的分治、多纬度的复用以及更好的解耦。

3. Adapter

Adapter 也是对局部的展示和功能的封装，它为 ListView 高性能场景而生，也是 Component 实现上的一种变化。

它的目标是解决 Component 模型在 Flutter-ListView 场景下的三个问题：

1）将一个"Big-Cell"放在 Component 里，无法享受 ListView 代码的性能优化。

2）Component 无法区分 appear|disappear 和 init|dispose。

3）Effect 的生命周期和 View 的耦合，在 ListView 场景下不符合直观的预期。

概括地讲，想要得到一个逻辑上的 ScrollView、性能上的 ListView 的一种局部展示和功能封装的抽象。闲鱼对页面不使用框架 Component，而是使用框架 Component+Adapter 的性能基线对比。

```
Reducer is long-lived, Effect is medium-lived, View is short-lived.
```

闲鱼以某 Android 机为例，通过不断地测试和对比，得出以下结论：

- 使用框架前，闲鱼详情页面的 FPS 的基线在 52FPS。

- 使用框架，且仅使用 Component 的抽象的情况下，FPS 下降到 40FPS，遭遇"Big-Cell"的陷阱。

- 使用框架，且同时使用 Adapter 抽象后，FPS 提升到 53FPS，回到基线以上，并有小幅度的提升。

4. Directory

推荐的目录结构会是如下所示。

```
sample_page
-- action.dart
-- page.dart
-- view.dart
-- effect.dart
-- reducer.dart
-- state.dart
```

```
components
sample_component
-- action.dart
-- component.dart
-- view.dart
-- effect.dart
-- reducer.dart
-- state.dart
```

上层负责组装，下层负责实现，同时会提供一个插件，便于闲鱼快速填写。以闲鱼的详情场景为例的组装，如图 3-2 所示。

图 3-2

```
class DetailPage extends Page<RentalDetailState, DetailParams> {
  DetailPage()
      : super(
        initState: initRentalDetailState,
        view: buildMainView,
        reducer: asReducer(RentalDetailReducerBuilder.buildMap()),
        dependencies: Dependencies<RentalDetailState>(
          slots: <String, Dependent<RentalDetailState>>{
            'appBar': CommonBuyAppBarConnector() +
AppBarComponent(),
            'body': CommonBuyItemBodyConnector() +
              RentalBodyComponent(slots:
```

```
<Dependent<RentalBodyState>>[
                gallaryConnector() + RentalGalleryComponent(),
                priceConnector() + RentalPriceComponent(),
                titleConnector() + RentalTitleComponent(),
                bannerConnector() + RentalBannerComponent(),
                detailTitleConnector() +
RentalDetailTitleComponent(),
                equipmentConnector() + RentalEquipmentComponent(),
                descConnector() + RentalDescComponent(),
                tagConnector() + RentalTagComponent(),
                itemImageConnector() + RentalImageComponent(),
                marketConnector() + RentalMarketComponent(),
                channelConnector() + RentalChannelComponent(),
                productConnector() + ProductParamComponent(),
                recommendConnector() + RentalRecommendAdapter(),
                paddingConnector() + PaddingComponent(),
            ]),
        'bottomBar':
            CommonBuyBottomBarConnector() +
RentalBottomBarComponent(),
        },
      ),
    );
}
```

组件和组件之间，组件和容器之间都完全独立。

5. Communication Mechanism

如图 3-3 所示为组件内通信和组件间通信。

Dispatch 通信 API 采用的是带有一段优先处理的广播——self-first-broadcast。对于发出的 Action，自己优先处理，否则广播给其他组件和 Redux 处理。最终，闲鱼通过一个简单而直观的 dispatch 完成了组件内、组件间（父到子、子到父、兄弟间等）的所有通信诉求。

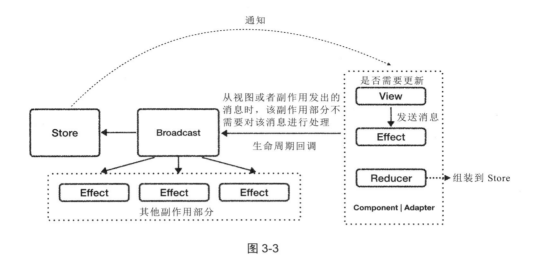

图 3-3

6. Refresh Mechanism

（1）数据刷新

如图 3-4 所示，局部数据修改，自动层层触发上层数据的浅拷贝，对上层业务代码是透明的。层层的数据拷贝：一方面是对 Redux 数据修改的严格的 follow；另一方面也是对数据驱动展示的严格的 follow。

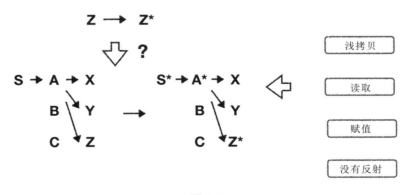

图 3-4

（2）视图刷新

如图 3-5 所示，扁平化通知所有组件，组件通过 shouldUpdate 确定自己是否需要刷新。

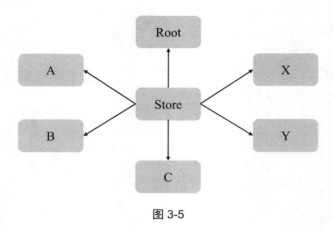

图 3-5

7. Fish Redux 的优点

（1）数据的集中管理

通过 Redux 做集中化的、可观察的数据管理。闲鱼将保留 Redux 的所有优势，同时将 Reducer 的合并变成由框架代理自动完成，大大降低了使用 Redux 的烦琐程度。

（2）组件的分治管理

组件既是对视图的分治，也是对数据的分治。通过逐层分治，闲鱼将复杂的页面和数据切分为相互独立的小模块，有利于团队内的协作开发。

（3）View、Reducer 和 Effect 隔离

将组件拆分成三个无状态的、互不依赖的函数，因为是无状态的函数，它更易于编写、调试、测试和维护。同时，它带来了更多的组合、复用和

创新的可能。

（4）声明式配置组装

组件和适配器通过自由的声明式配置组装完成，包括 View、Reducer、Effect 及其依赖的子项。

（5）良好的扩展性

核心框架保持三层关注点，不做核心关注点以外的事情，同时对上层保持了灵活的扩展性。

- 框架甚至没有任何一行打印代码，闲鱼可通过标准的 Middleware 观察到数据的流动和组件的变化。

- 在框架的三层外，也可以通过 Dart 的语言特性，为 Component 或者 Adapter 添加 mixin，灵活地增强它们在上层使用的定制和能力。

- 框架和其他的中间件打通，诸如自动曝光、高可用等，各中间件和框架之间都是透明的，由上层自由组装。

（6）精小、简单而完备

- 非常小，仅仅包含 1000 多行代码。

- 使用简单，只需几个小的函数即可完成组装，便可运行。

- 功能非常的完备。

3.2 轻量级动态化渲染引擎的设计

3.2.1 背景

随着闲鱼业务的快速增长，运营类的需求也越来越多，其中不乏很多界面修改或运营坑位的需求。如何快速迭代产品，跳过窗口期来满足这些需求？另外，闲鱼客户端的包体也变得很大。相比 2016 年，Android 的包体已经增长了近 1 倍，怎么能将包体大小降下来？首先想到的是动态化地解决此类问题。

对于原生的能力的动态化，Android 平台各公司都有很完善的动态化方案，甚至 Google 还提供了 Android App Bundles，以便让开发者们更好地支持动态化。由于 Apple 官方担忧动态化的风险，因此并不太支持。所以，大家就会考虑动态化能力与 Web 结合，从一开始基于 WebView 的 Hybrid 方案，到现在与原生相结合的 React Native 和 Weex。

与此同时，随着闲鱼 Flutter 技术的推广，已经有 10 多个页面用 Flutter 实现，Flutter 的动态化诉求也随之增多。但上面提到的几种方式都不适合 Flutter 场景，如何解决这个问题？

3.2.2 动态方案

1. CodePush

CodePush 是 Google 提供的动态化方案，在执行 Dart VM 的时候，通过加载 isolate_snapshot_data 和 isolate_snapshot_instr 两个文件，就能达到动态更新的目的。在官方的 Flutter 源码中，已有相关的提交方案。

2. 动态模板

动态模板通过定义一套 DSL，在端侧编写配套的解析引擎，从而实现动态化，例如 LuaViewSDK、Tangram-iOS 和 Tangram-Android。这些方案都创建的是 Native 的 View，如果想在 Flutter 里面实现，需要创建 Texture 来桥接。在 Native 端渲染完成之后，再将纹理贴在 Flutter 的容器中，实现成本很高，性能也有待商榷，不适合闲鱼的使用场景。

所以，闲鱼提出了自己的 Flutter 动态化方案，下面介绍具体的实现细节。

3.2.3　模板编译

自定义一套 DSL 的维护成本较高，怎么能不自定义 DSL 就能实现动态加载呢？闲鱼直接将 Dart 文件作为模板，将其转化成 JSON 格式的协议数据，端侧拿到协议数据再进行解析。这样做的好处是 Dart 模板文件可以快速沉淀到端侧，方便进行二次开发。

1. 模板规范

下面介绍完整的模板文件，以新版"我的页面"为例。这是一个列表结构，每个区块都是一个独立的 Widget。现在我们期望将"卖在闲鱼"区块动态渲染，将这个区块拆分后，需要三个子控件：头部、菜单栏、提示栏，如图 3-6 所示。这些组件都有一些业务逻辑，无法动态下发，需要先将这些逻辑内置。

图 3-6

内置的子控件分别是 MenuTitleWidget、MenuItemWidget 和 HintItemWidget，编写的模板如下：

```
@override
Widget build(BuildContext context) {
    return new Container(
        child: new Column(
            children: <Widget>[
                new MenuTitleWidget(data),      // 头部
                new Column(      // 菜单栏
                    children: <Widget>[
                        new Row(
                            children: <Widget>[
                                new MenuItemWidget(data.menus[0]),
                                new MenuItemWidget(data.menus[1]),
                                new MenuItemWidget(data.menus[2]),
                            ],
                        )
                    ],
                ),
                new Container(      // 提示栏
                    child: new HintItemWidget(data.hints[0])),
            ],
        ),
    );
}
```

中间省略了样式描述，可以看到写模板文件和写普通的 Widget 方法一样，但是要注意：每个 Widget 都需要用 new 或 const 修饰；数据访问以"data"开头，数组形式以"[]"访问，字典形式以"."访问。

写好模板之后，就要考虑怎么在端上渲染。早期版本是直接在端侧解析文件，但是考虑性能和稳定性，先放在前期编译好，再下发到端侧。

2. 编译流程

编译模板会用到 Dart 的 Analyzer 库，通过使用 parseCompilationUnit 函数，直接将 Dart 源码解析在以 CompilationUnit 为 Root 节点的 AST 树中，它包含了 Dart 源文件的语法和语义信息，如图 3-7 所示。接下来的目标是将 CompilationUnit 转换为 JSON 格式的文件。

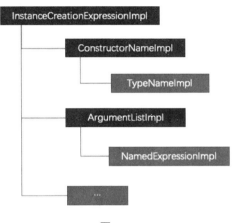

图 3-7

由上面的模板解析出来的 build 函数的孩子节点是 ReturnStatementImpl，它又包含了一个子节点 InstanceCreationExpressionImpl，对应模板里面的 new Container(...)。在它的孩子节点中，最关心的就是 ConstructorNameImpl 节点和 ArgumentListImpl 节点。ConstructorNameImpl 标识创建节点的名称，ArgumentListImpl 标识创建参数，参数包含了参数列表和变量参数。

定义如下结构体，来存储这些信息：

```
class ConstructorNode {
    // 创建节点的名称
    String constructorName;
    // 参数列表
    List<dynamic> argumentsList = <dynamic>[];
    // 变量参数
```

```
    Map<String, dynamic> arguments = <String, dynamic>{};
}
```

递归遍历整棵树，就可以得到一个 ConstructorNode 树，以下代码是解析单个 Node 的参数。

```
ArgumentList argumentList = astNode;

for (Expression exp in argumentList.arguments) {
    if (exp is NamedExpression) {
        NamedExpression namedExp = exp;
        final String name = ASTUtils.getNodeString(namedExp.name);
        if (name == 'children') {
            continue;
        }

        /// 是函数
        if (namedExp.expression is FunctionExpression) {
            currentNode.arguments[name] =
                FunctionExpressionParser.parse(namedExp.expression);
        } else {
            /// 不是函数
            currentNode.arguments[name] =
                ASTUtils.getNodeString(namedExp.expression);
        }
    } else if (exp is PropertyAccess) {
        PropertyAccess propertyAccess = exp;
        final String name = ASTUtils.getNodeString(propertyAccess);
        currentNode.argumentsList.add(name);
    } else if (exp is StringInterpolation) {
        StringInterpolation stringInterpolation = exp;
        final String name =
ASTUtils.getNodeString(stringInterpolation);
        currentNode.argumentsList.add(name);
    } else if (exp is IntegerLiteral) {
        final IntegerLiteral integerLiteral = exp;
        currentNode.argumentsList.add(integerLiteral.value);
```

```
  } else {
    final String name = ASTUtils.getNodeString(exp);
    currentNode.argumentsList.add(name);
  }
}
```

端侧拿到 ConstructorNode 节点树之后，就可以根据 Widget 的名称和参数生成一棵 Widget 树。

3.2.4　渲染引擎

端侧获得 JSON 格式的模板信息，渲染引擎的工作就是解析模板信息并创建 Widget 的过程，整个工程的框架和工作流如图 3-8 所示。

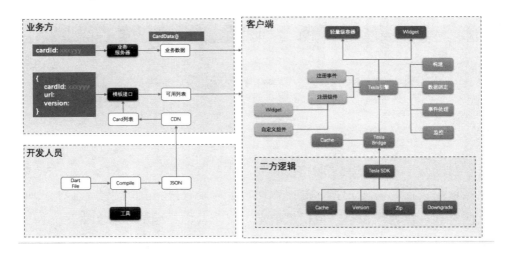

图 3-8

- 开发人员编写 Dart 文件，编译并上传到 CDN。

- 端侧拿到模板列表，并在端侧存库。

- 业务方直接下发对应的模板 ID 和模板数据。

- Flutter 侧再通过桥接获取模板，并创建 Widget 树。

- 对于 Native 侧，主要负责模板的管理，通过桥接输出到 Flutter 侧。

1. 模板获取

模板获取分为两部分：Native 和 Flutter。Native 主要负责模板的管理，包括下载、降级、缓存等，如图 3-9 所示。

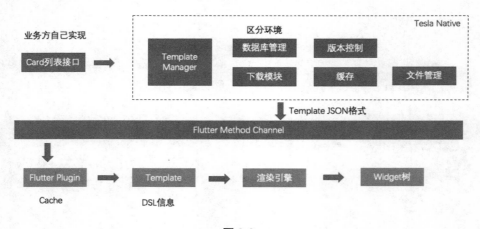

图 3-9

启动程序后，会先获取模板列表，业务方需要自己实现。Native 层获取模板列表后，会将其先存储在本地数据库中。Flutter 侧业务代码用到模板的时候，再通过桥接获取模板信息，就是前面提到的 JSON 格式文件的信息，Flutter 也会有缓存，以减少 Flutter 和 Native 的交互。

2. Widget 创建

当 Flutter 侧拿到 JSON 格式的文件后，先解析出 ConstructorNode 树，然后递归创建 Widget，如图 3-10 所示。

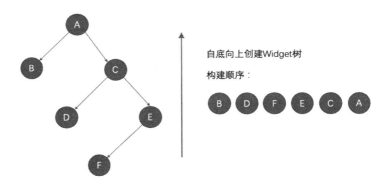

图 3-10

创建每个 Widget 的过程，就是解析节点中的 argumentsList 和 arguments 并做数据绑定的过程。例如，创建 HintItemWidget 需要传入提示的数据内容 new HintItemWidget(data.hints[0])。当解析 argumentsList 时，会通过 key-path 的方式从原始数据中解析出特定的值，如图 3-11 所示。

图 3-11

解析出来的值都会存储在 WidgetCreateParam 里面，当递归遍历每个创建节点时，每个 Widget 都可以从 WidgetCreateParam 里解析出需要的参数。

```
/// 构建 Widget 用的参数
class WidgetCreateParam {
  String constructorName;   /// 构建的名称
  dynamic context;   /// 构建的上下文
  Map<String, dynamic> arguments = <String, dynamic>{}; /// 字典参数
  List<dynamic> argumentsList = <dynamic>[]; /// 列表参数
  dynamic data; /// 原始数据
}
```

通过以上的逻辑，就可以将 ConstructorNode 树转换为一棵 Widget 树，再交给 Flutter Framework 渲染。

至此，已经能将模板解析出来，并渲染到界面上。那么，交互事件应该怎么处理呢？

3. 事件处理

界面交互一般都会通过 GestureDector、InkWell 等来处理点击事件，处理逻辑是函数，这块怎么做动态化呢？

以 InkWell 组件为例，将它的 onTap 函数定义为 openURL(data.hints[0].href, data.hints[0].params)。在解析逻辑中，会解析成一个以 OpenURL 作为 ID 的事件。在 Flutter 侧会有一个事件处理的映射表。当用户点击 InkWell 时，会查找对应的处理函数，并解析出对应的参数列表并传递过去，代码如下所示。

```
...
final List<dynamic> tList = <dynamic>[];
// 解析出参数列表
exp.argumentsList.forEach((dynamic arg) {
    if (arg is String) {
        final dynamic value = valueFromPath(arg, param.data);
        if (value != null) {
            tList.add(value);
        } else {
```

```
        tList.add(arg);
      }
    } else {
      tList.add(arg);
    }
});

// 找到对应的处理函数
final dynamic handler =

TeslaEventManager.sharedInstance().eventHandler(exp.actionName);
if (handler != null) {
    handler(tList);
}
...
```

3.2.5　最终效果

新版"我的页面"在添加了动态化渲染能力之后，如果有添加一种新组件类型的需求，就可以直接编译发布模板，服务端下发新的数据内容，就可以渲染出来了。既然具备动态化能力了，大家会关心渲染性能怎么样。

1．帧率

在添加动态化渲染能力后，已经开放了两个动态卡片，图 3-12 所示的是新版本"我的页面"在半个月内的帧率数据。

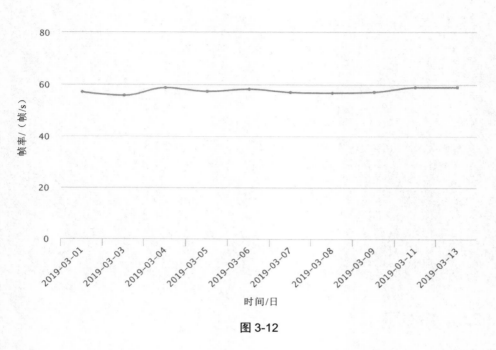

图 3-12

可以看出，帧率并没有降低，基本保持在 55~60 帧左右，后续可以多添加动态的卡片再观察效果。

注意：因为"我的页面"会有本地的一些业务判断，当从其他页面回到"我的页面"时，都会刷新界面，所以帧率会有损耗。

从实现上分析，因为每个卡片都需要通过遍历 ConstructorNode 树来创建，而且每个构建都需要解析出里面的参数，可以做一些优化。例如缓存相同的 Widget，只需要映射出数据内容并做数据绑定。

2. 失败率

如果本地没有对应的 Widget 创建函数，会主动抛出错误。监控数据显示，在渲染的流程中，还没有出现异常的情况，后续还需要对桥接层和 Native 层添加错误埋点。

基于 Flutter 动态模板，对于以往需要走发版的 Flutter 需求，现在都可以通过动态化的方式进行更改。而且以上逻辑都是基于 Flutter 原生的体系，学习成本和维护成本都很低，动态的代码也可以快速地沉淀到端侧。

另外，闲鱼正在研究 UI2Code。如果有一个需求，需要动态地显示一个组件，用户体验设计人员已经做出了视觉稿，通过 UI2Code 转换成 Dart 文件，再通过这个系统转换成动态模板，最后下发到端侧就可以直接渲染出来。

基于 Flutter 的 Widget，还可以拓展更多个性化的组件，例如内置动画组件，就可以动态化下发动画了。

3.3 面向切面编程的设计实践

闲鱼在使用 Flutter 的实践过程中，发现一方面 Flutter 的开发效率高、性能优异、跨平台表现好，另一方面 Flutter 也面临着插件、基础能力、底层框架缺失或者不完善等问题。

例如，在实现一个自动化录制回放的过程中，需要修改 Flutter 框架（Dart 层面）的代码才能够满足要求，这就会有了对框架的侵入性。要解决这种侵入性的问题，更好地降低迭代过程中的维护成本，闲鱼考虑的首要方案就是面向切面编程。

那么，如何解决 AOP for Flutter 问题呢？本文将重点介绍闲鱼开发的一个针对 Dart 的 AOP 编程框架 AspectD。

究竟是编译期支持还是运行期实现 AOP，取决于语言自身的设计。举例来说，在 iOS 系统中，Objective C 本身提供了强大的运行时和动态性，使得 AOP 在运行期简单易用。在 Android 系统中，Java 语言的特点不仅可以实现 AspectJ 为代表的基于字节码修改的编译期静态代理，也可以实现

Spring AOP 为代表的基于运行时增强的运行期动态代理。那么 Dart 呢？一方面 Dart 的反射支持很弱，只支持检查（Introspection），不支持修改（Modification）；另一方面，Flutter 为了控制包大小，保证健壮性等原因，禁止了反射。

因此，我们设计实现了基于编译期修改的 AOP 方案 AspectD，如图 3-13 所示。

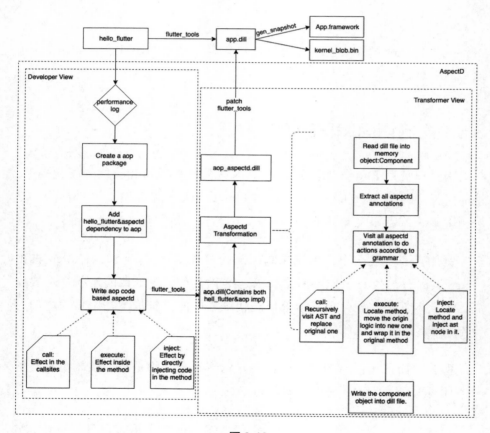

图 3-13

3.3.1　典型的 AOP 场景

下列 AspectD 代码说明了一个典型的 AOP 使用场景。

```
aop.dart

import 'package:example/main.dart' as app;
import 'aop_impl.dart';

void main()=> app.main();

    aop_impl.dart

import 'package:aspectd/aspectd.dart';

@Aspect()
@pragma("vm:entry-point")
class ExecuteDemo {
  @pragma("vm:entry-point")
  ExecuteDemo();

  @Execute("package:example/main.dart", "_MyHomePageState",
"-_incrementCounter")
  @pragma("vm:entry-point")
  void _incrementCounter(PointCut pointcut) {
    pointcut.proceed();
    print('KWLM called!');
  }
}
```

3.3.2　面向开发者的 API 设计

1. PointCut 的设计

```
@Call("package:app/calculator.dart","Calculator","-getCurTime")
```

PointCut 需要完备表征以怎么样的方式（Call/Execute 等），向哪个

Library、哪个类（Library Method 的时候此项为空）、哪种方法来添加 AOP
逻辑。PointCut 的数据结构如下所示。

```
@pragma('vm:entry-point')
class PointCut {
  final Map<dynamic, dynamic> sourceInfos;
  final Object target;
  final String function;
  final String stubId;
  final List<dynamic> positionalParams;
  final Map<dynamic, dynamic> namedParams;

  @pragma('vm:entry-point')
  PointCut(this.sourceInfos, this.target, this.function,
this.stubId,this.positionalParams, this.namedParams);

  @pragma('vm:entry-point')
  Object proceed(){
    return null;
  }
}
```

其中，包含了源代码信息（如库名、文件名、行号等）、方法调用对
象、函数和参数信息等。请注意@pragma('vm:entry-point')注解，其核心逻
辑在于 Tree-Shaking。在 AOT（Ahead of Time）编译下，如果不能被应用
主入口（main）调用，那么将被视为无用代码而丢弃。AOP 代码因为其注
入逻辑的无侵入性，显然是不会被 main 调用到的，因此需要此注解告诉
编译器不要丢弃这段逻辑。此处的 proceed 方法类似于 AspectJ 中的
ProceedingJoinPoint.proceed()方法，调用 pointcut.proceed()方法即可实现对
原始逻辑的调用。原始定义中的 proceed 方法体只是一个空壳，其内容将
会被在运行时动态生成。

2. Advice 的设计

```
@pragma("vm:entry-point")
Future<String> getCurTime(PointCut pointcut) async{
  ...
  return result;
}
```

pointCut 对象作为参数传入 AOP 方法，使开发者可以获得源代码调用的相关信息，实现自身逻辑或者是通过 pointcut.proceed()调用原始逻辑。

3. Aspect 的设计

```
@Aspect()
@pragma("vm:entry-point")
class ExecuteDemo {
  @pragma("vm:entry-point")
  ExecuteDemo();
  ...
  }
```

Aspect 的注解可以使得像 ExecuteDemo 这样的 AOP 实现类被方便地识别和提取，也可以起到开关的作用，即如果希望禁止此段 AOP 逻辑，移除@Aspect 注解即可。

3.3.3　AOP 代码的编译

1. 包含原始工程中的 main 入口

从上文可以看到，aop.dart 引入 import 'package:example/main.dart' as app;，使得编译 aop.dart 时可包含整个 example 工程的所有代码。

2. Debug 模式下的编译

在 aop.dart 中引入 import 'aop_impl.dart';，使得 aop_impl.dart 中的内容即便不被 aop.dart 显式依赖，也可以在 Debug 模式下被编译进去。

3. Release 模式下的编译

在 AOT 编译（Release 模式下），Tree-Shaking 逻辑使得当 aop_impl.dart 中的内容没有被 AOP 中的 main 调用时，其内容将不会编译到 Dill 中。通过添加@pragma("vm:entry-point")，可以避免其影响。

当用 AspectD 写出 AOP 代码时，通过编译 aop.dart 生成中间产物，使得 Dill 中既包含了原始项目代码，也包含了 AOP 代码后，需要考虑如何对其修改。在 AspectJ 中，修改是通过对 Class 文件进行操作实现的，在 AspectD 中，则对 Dill 文件进行操作。

3.3.4 Dill 操作

Dill（Dart Intermediate Language）是 Dart 语言编译中的一个概念，无论是 Script Snapshot 还是 AOT 编译，都需要 Dill 作为中间产物。

1. Dill 的结构

我们可以通过 Dart SDK 中的 VM Package 提供的 dump_kernel.dart 打印出 Dill 的内部结构。

```
dart bin/dump_kernel.dart
/Users/kylewong/Codes/AOP/aspectd/example/aop/build/app.dill
/Users/kylewong/Codes/AOP/aspectd/example/aop/build/app.dill.txt
...
library from "package:aspectd_impl/aspectd_impl.dart" as asp {

  import "package:example/main.dart" as app;
  import "package:aspectd_impl/aop_impl.dart";

  static method main() → void
    return main::main();
}
...
```

2. Dill 变换

Dart 提供了一种 Kernel to Kernel Transform 的方式，可以通过对 Dill 文件的递归式 AST 遍历，实现对 Dill 的变换。

基于开发者编写的 AspectD 注解，AspectD 的变换部分可以提取出是哪些库、类或方法，需要添加怎样的 AOP 代码，再在 AST 递归的过程中通过对目标类的操作，实现 Call/Execute 这样的功能。

一个典型的 Transform 部分逻辑如下所示。

```
@override
 MethodInvocation visitMethodInvocation(MethodInvocation
methodInvocation) {
   methodInvocation.transformChildren(this);
   Node node = methodInvocation.interfaceTargetReference?.node;
   String uniqueKeyForMethod = null;
   if (node is Procedure) {
     Procedure procedure = node;
     Class cls = procedure.parent as Class;
     String procedureImportUri =
cls.reference.canonicalName.parent.name;
     uniqueKeyForMethod = AspectdItemInfo.uniqueKeyForMethod(
         procedureImportUri, cls.name, methodInvocation.name.name,
false, null);
   }
   else if(node == null) {
     String importUri = methodInvocation?.interfaceTargetReference?.
canonicalName?.reference?.canonicalName?.nonRootTop?.name;
     String clsName = methodInvocation?.interfaceTargetReference?.
canonicalName?.parent?.parent?.name;
     String methodName =
methodInvocation?.interfaceTargetReference?. canonicalName?.name;
     uniqueKeyForMethod = AspectdItemInfo.uniqueKeyForMethod(
         importUri, clsName, methodName, false, null);
   }
```

```
  if(uniqueKeyForMethod != null) {
    AspectdItemInfo aspectdItemInfo =
_aspectdInfoMap[uniqueKeyForMethod];
    if (aspectdItemInfo?.mode == AspectdMode.Call &&
        !_transformedInvocationSet.contains(methodInvocation) &&
AspectdUtils.checkIfSkipAOP(aspectdItemInfo, _curLibrary) == false)
{
      return transformInstanceMethodInvocation(
          methodInvocation, aspectdItemInfo);
    }
  }
  return methodInvocation;
}
```

通过对 Dill 中 AST 对象的遍历（此处的 visitMethodInvocation 函数），结合开发者书写的 AspectD 注解（此处的 aspectdInfoMap 和 aspectdItemInfo），可以对原始的 AST 对象（此处 methodInvocation）进行变换，从而改变原始的代码逻辑，即 Transform 过程。

3.3.5　AspectD 支持的语法

不同于 AspectJ 中提供的 Before、Around 和 After 三种语法，在 AspectD 中只有一种统一的抽象，即 Around。从是否修改原始方法内部来看，有 Call 和 Execute 两种，前者的 PointCut 是调用点，后者的 PointCut 则是执行点。

1．Call

```
import 'package:aspectd/aspectd.dart';

@Aspect()
@pragma("vm:entry-point")
class CallDemo{
  @Call("package:app/calculator.dart","Calculator","-getCurTime")
  @pragma("vm:entry-point")
```

```
Future<String> getCurTime(PointCut pointcut) async{
  print('Aspectd:KWLM02');
  print('${pointcut.sourceInfos.toString()}');
  Future<String> result = pointcut.proceed();
  String test = await result;
  print('Aspectd:KWLM03');
  print('${test}');
  return result;
  }
}
```

2. Execute

```
import 'package:aspectd/aspectd.dart';

@Aspect()
@pragma("vm:entry-point")
class ExecuteDemo{

@Execute("package:app/calculator.dart","Calculator","-getCurTime")
  @pragma("vm:entry-point")
  Future<String> getCurTime(PointCut pointcut) async{
    print('Aspectd:KWLM12');
    print('${pointcut.sourceInfos.toString()}');
    Future<String> result = pointcut.proceed();
    String test = await result;
    print('Aspectd:KWLM13');
    print('${test}');
    return result;
  }
```

3. Inject

　　仅支持 Call 和 Execute，对于 Flutter（Dart）而言显然是很单薄的。一方面 Flutter 禁止了反射，退一步讲，即便 Flutter 开启了反射支持，也依然很弱，并不能满足需求。举一个典型的场景，在需要注入的 Dart 代码里，x.dart 文件的类 y 定义了一个私有方法 m 或者成员变量 p，那么在

aop_impl.dart 中是没有办法对其访问的，更不用说获得多个连续的私有变量属性。另一方面，仅仅对方法整体进行操作可能是不够的，我们需要在方法的中间插入处理逻辑。为了解决这一问题，AspectD 设计了一种语法 Inject，参见下面的例子。Flutter 库中包含了以下这段手势代码。

```
@override
 Widget build(BuildContext context) {
   final Map<Type, GestureRecognizerFactory> gestures = <Type,
GestureRecognizerFactory>{};

   if (onTapDown != null || onTapUp != null || onTap != null ||
onTapCancel != null) {
     gestures[TapGestureRecognizer] =
GestureRecognizerFactoryWithHandlers<TapGestureRecognizer>(
       () => TapGestureRecognizer(debugOwner: this),
       (TapGestureRecognizer instance) {
         instance
           ..onTapDown = onTapDown
           ..onTapUp = onTapUp
           ..onTap = onTap
           ..onTapCancel = onTapCancel;
       },
     );
   }
```

　　如果想要在 onTapCancel 之后添加一段对 instance 和 context 的处理逻辑，Call 和 Execute 是不可行的，而使用 Inject 后，只需要简单的几句即可解决。

```
import 'package:aspectd/aspectd.dart';

@Aspect()
@pragma("vm:entry-point")
class InjectDemo{

@Inject("package:flutter/src/widgets/gesture_detector.dart","Gest
```

```
ureDetector","-build", lineNum:452)
  @pragma("vm:entry-point")
  static void onTapBuild() {
    Object instance; //Aspectd Ignore
    Object context; //Aspectd Ignore
    print(instance);
    print(context);
    print('Aspectd:KWLM25');
  }
}
```

通过上述的处理逻辑，经过编译构建后的 Dill 中的 GestureDetector.build 方法如下所示。

```
@#C7
  method build(fra::BuildContext* context) → fra::Widget* {
    final core::Map<core::Type*,
ges::GestureRecognizerFactory<rec::GestureRecognizer*>*>* gestures
= <core::Type*,
ges::GestureRecognizerFactory<rec::GestureRecognizer*>*>{};

if(!this.{ges::GestureDetector::onTapDown}.{core::Object::==}(nul
l)
|| !this.{ges::GestureDetector::onTapUp}.{core::Object::==}(null)
|| !this.{ges::GestureDetector::onTap}.{core::Object::==}(null)
|| !this.{ges::GestureDetector::onTapCancel}.{core::Object::==}(n
ull)) {
      gestures.{core::Map::[]=}(tap::TapGestureRecognizer*, new
ges::GestureRecognizerFactoryWithHandlers::•<tap::TapGestureRecog
nizer*>(() → tap::TapGestureRecognizer* => new
tap::TapGestureRecognizer::•(debugOwner: this),
(tap::TapGestureRecognizer* instance) → core::Null? {
        let final tap::TapGestureRecognizer* #t2163 = instance in let
final void #t2164 = #t2163.{tap::TapGestureRecognizer::onTapDown} =
this.{ges::GestureDetector::onTapDown} in let final void #t2165 =
#t2163.{tap::TapGestureRecognizer::onTapUp} =
this.{ges::GestureDetector::onTapUp} in let final void #t2166 =
```

```
#t2163.{tap::TapGestureRecognizer::onTap} =
this.{ges::GestureDetector::onTap} in let final void #t2167 =
#t2163.{tap::TapGestureRecognizer::onTapCancel} =
this.{ges::GestureDetector::onTapCancel} in #t2163;
      core::print(instance);
      core::print(context);
      core::print("Aspectd:KWLM25");
    }));
  }
```

此外，相对 Call/Execute，Inject 的输入参数多了一个 lineNum 的命名
参数，可用于指定插入逻辑的具体行号。

3.3.6 构建流程支持

虽然可以通过编译 aop.dart，达到同时将原始工程代码和 AspectD 代
码编译到 Dill 文件的目的，再通过 Transform 实现 Dill 层次的变换实现
AOP，但标准的 Flutter 构建（即 fluttertools）并不支持这个过程，所以还
需要对构建过程做细微的修改。在 AspectJ 中，这一过程是由非标准 Java
编译器的 Ajc 来实现的。在 AspectD 中，通过对 fluttertools 打上应用 Patch，
可以实现对于 AspectD 的支持。

```
kylewong@KyleWongdeMacBook-Pro fluttermaster % git apply --3way
/Users/kylewong/Codes/AOP/aspectd/0001-aspectd.patch
kylewong@KyleWongdeMacBook-Pro fluttermaster % rm
bin/cache/flutter_tools.stamp
kylewong@KyleWongdeMacBook-Pro fluttermaster % flutter doctor -v
Building flutter tool...
```

3.3.7 实战与思考

基于 AspectD，我们在实践中成功地移除了所有对于 Flutter 框架的侵
入性代码，实现了和有侵入性代码同样的功能，支撑上百个脚本的录制回

放并做到自动化回归稳定可靠运行。

从 AspectD 的角度来看，Call/Execute 可以实现诸如性能埋点（关键方法的调用时长）、日志增强（获取某个方法具体在什么地方被调用到的详细信息）、Doom 录制回放（如随机数序列的生成记录与回放）等功能。Inject 语法则更为强大，可以通过类似源代码的方式，实现逻辑的自由注入，可以支持诸如 App 录制与自动化回归（如用户触摸事件的录制与回放）等复杂场景。

进一步来说，AspectD 的原理基于 Dill 变换。有了 Dill 操作，开发者可以自由地对 Dart 编译产物进行操作，而且这种变换面向的是近乎源代码级别的 AST 对象，不仅强大而且可靠。无论是做一些逻辑替换，还是 JSON<-->模型转换等，都提供了一种全新的视角与可能。

3.4　高性能的动态模板渲染实践

闲鱼尝试使用集团 DinamicX 的 DSL，通过动态模板下发的方式，实现 Flutter 端的动态化模板渲染。原以为只是 DSL 到 Widget 的简单映射和数据绑定，但实际运行起来的效果却很差，列表卡顿和帧率丢失严重。我们不得不深入 Flutter 的 Framework 层，了解 Widget 的创建、布局以及渲染的过程。

3.4.1　为什么 Native 可行的方案不适用于 Flutter

在 iOS 系统和 Android 系统开发中，我们对 DSL 到 Native 的方案其实并不陌生。在 Android 系统中，我们就是通过编写 XML 文件来描述页面布局的。Native 的这种映射的方案为什么到了 Flutter 上效果变得不理想呢？

先通过一个简单的示例来看我们对 DSL 的定义。

```
1    <ListLayout
2        height="155np"
3        width="match_parent"
4        orientation="horizontal"
5        listData="@fishMapExtractList{@data{item}}"
6    >
7        <FrameLayout
8            width="114np"
9            height="152np"
10           onTap="@fishTap{@triple{@subdata{exContent.isDelete},@const{}, @subdata{}}, @const
11           onLongTap="@flTap{@triple{@subdata{exContent.isDelete},@const{}, @subdata{}}, @con
12           cornerRadius="4"
13           backgroundColor="#F3F4F8"
14           gravity="centerTop"
15       >
16           <ImageView
17               width="match_content"
18               height="match_content"
19               gravity="centerTop"
20               cornerRadiusLeftTop="4np"
21               cornerRadiusRightTop="4np"
22               imageUrl="@subdata{exContent.img.url}"
23               scaleType="fitXY"
24           />
25       </FrameLayout>
26   </ListLayout>
27
```

可以看到，DSL 的设计与 Android 系统中的 XML 很相似。DSL 中的每个节点的 Width 和 Height 属性，可以赋值两种特殊意义的值：match_parent 和 match_content。

- match_parent：当前节点大小，尽量撑开到父节点大小；

- match_content：当前节点大小，尽量缩小到容纳子节点大小。

在 Flutter 中，并没有 match_parent 和 match_content 的概念。最初我们的想法很简单，在 Widget 的 build 方法中，如果属性是 match_parent，则不断向上遍历，直到找到一个父节点，有确定的宽高值为止；如果属性是 match_content，则遍历所有的子节点，获取子节点大小，一旦子节点存在 match_content 属性，就会递归调用下去。

从表面上来看，做好每个节点的宽高计算的缓存，虽然达不到一次性线性布局，但这样的开销也并不是很大。但我们忽略掉了一个很重要的问题：Widget 是 immutable 的，只是包含了视图的配置信息，是非常轻量级的。在 Flutter 中，Widget 会被不断地创建和销毁，这会导致布局计算非常的频繁。

要解决这些问题，单单处理 Widget 是不够的，需要在 Element 以及 RenderObject 上做更多的处理，这也就是为什么要考虑自定义 Widget 的原因。

接下来，通过源码来了解 Flutter 中 Widget 的 build、Layout 以及 paint 相关的逻辑。

3.4.2　认识三棵树

下面通过一个简单的 Widget——Opacity 来了解一下 Widget、Element 和 RenderObject。

1. Widget

在 Flutter 中，万物皆是 Widget，Widget 是 immutable 的，只是包含了视图的配置信息的描述，是非常轻量级的，创建和销毁的开销比较小。

Opacity 继承自 RenderObjectWidget，定义了两个比较关键的函数。

```
RenderObjectElement createElement();

RenderObject createRenderObject(BuildContext context);
```

这正是我们要找的 Element 和 RenderObject！这里只是定义了创建的逻辑，对于具体调用的时机，继续往下看。

2. Element

在　SingleChildRenderObjectWidget　中，可以看到创建了

SingleChildRenderObjectElement 对象。

Element 是 Widget 的抽象，在 Widget 初始化的时候，调用 Widget.createElement 创建，Element 持有 Widget 和 RenderObject。BuildOwner 通过遍历 Element Tree。根据是否标记为 dirty，构建 RenderObject Tree。在整个视图的构建过程中，Element 起到了串联 Widget 和 RenderObject 的作用。

3. RenderObject

Opacity 的 createRenderObject 函数创建了 RenderOpacity 对象，RenderObject 真正提供给 Engine 层渲染所需要的数据，RenderOpacity 的 Paint 方法中找到了真正绘制的地方：

```
void paint(PaintingContext context, Offset offset)
   {
      if (child != null)
      {
         ...  context.pushOpacity(offset, _alpha, super.paint);
      }
   }
```

通过 RenderObject，我们可以处理 Layout、painting 以及 hit testing。这是我们在自定义 Widget 处理最多的事情。RenderObject 只是定义了布局的接口，并未实现布局模型，RenderBox 提供了 2D 笛卡儿坐标系下的 Box 模型协议定义。在大部分情况下，都可以继承于 RenderBox，通过重载实现一个新的 Layout 实现、paint 实现以及点击事件处理等。

3.4.3 Flutter 在 Layout 过程中的优化

Flutter 采用一次布局的方式，$O(N)$ 的线性时间来做布局和绘制，如图 3-14 所示。在一次遍历中，父节点调用每个子节点的布局方法，将约束向下传递，子节点根据约束计算自己的布局，并将结果传回给父节点。

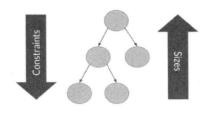

图 3-14

1. RelayoutBoundary 优化

当一个节点满足如下条件之一时，该节点会被标记为
RelayoutBoundary，子节点的大小变化不会影响到父节点的布局：

- parentUsesSize = false：父节点的布局不依赖当前节点的大小；

- sizedByParent = true：当前节点大小由父节点决定；

- constraints.isTight：大小为确定的值，即宽高的最大值等于最小值；

- parent is not RenderObject：如果父节点不是 RenderObject，则子节点
  Layout 变化不需要通知父节点更新。

对于 RelayoutBoundary 的标记和子节点大小变化，不会通知父节点重
新 Layout 和 Paint，从而提高效率，如图 3-15 所示。

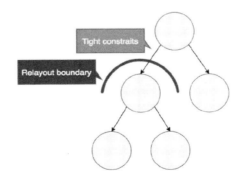

图 3-15

2. Element 更新优化

为什么频繁创建销毁 Widget 却不会影响渲染性能呢？Element 定义了 updateChild 的方法，最早在 Element 被创建、Framework 调用 mount，以及 RenderObject 被标记为 needsLayout 执行 RenderObject.performLayout 等场景中，会调用 Element 的 updateChild 方法：

```
Element updateChild(Element child, Widget newWidget, dynamic newSlot)
{
    ...
    if (child != null) {
        ...
        if (Widget.canUpdate(child.widget, newWidget)) {
            ...
            child.update(newWidget);
            ...
        }
    }
}
```

对于 child 和 newWidget 都不为空的情况，通过 Widget.canUpdate 来判断当前 child Element 是否可以更新复用。

```
static bool canUpdate(Widget oldWidget, Widget newWidget) {
return oldWidget.runtimeType == newWidget.runtimeType
   && oldWidget.key == newWidget.key;
 }
```

我们可以看到 Widget.canUpdate 的定义，通过 runtimeType 和 key 比较来判断；如果可以更新，则更新 Element 子节点；否则 deactivate 子节点的 Element，根据 newWidget 创建新的 Element。

3.4.4　如何自定义 Widget

1. 第一个版本的设计

在第一个版本的设计中，我们考虑得比较简单，所有的组件都继承于 Object，实现一个 build 方法，根据 DSL 转换的 nodeData 设置 Widget 的属性，如图 3-16 所示。

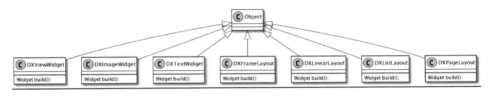

图 3-16

我们用一个简单的例子来看，以最坏的情况来考虑，第一个节点都是 match_content 属性，每一次创建 Widget，需要的布局计算，如图 3-17 所示。

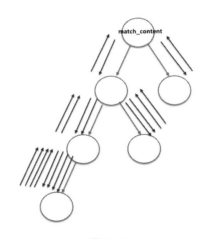

图 3-17

这样每一次更新 Widget，计算顶部节点的大小，都要深度遍历整个树。如果更新 Widget 其中的一个节点，又会怎样呢？如图 3-18 所示。

131

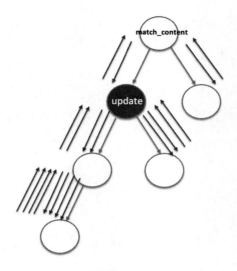

图 3-18

答案是全部重新计算一遍，因为 Widget 是 immutable 的，在不断地重新创建销毁。在最坏情况，会达到 $O(N^2)$，可想而知一个长列表会表现如何。

2. 第二个版本的设计

第二个版本选择自定义 Widget、Element 以及 RenderObject。下面是我们一部分组件的类图，如图 3-19 所示。

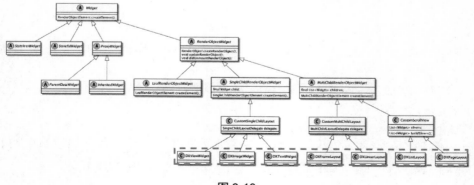

图 3-19

其中，虚线框内是自定义的 Widget 组件。可以看出，自定义的 Widget 大致分为三种类型：

- 只能作为叶子节点的 Widget：如 Image、Text，继承自 CustomSingleChildLayout；

- 可以设置多个子节点的 Widget：如 FrameLayout、LinearLayout，继承自 CustomMultiChildLayout；

- 可滚动的列表类型的 Widget：如 ListLayout、PageLayout，继承自 CustomScrollView；

在自定义的 RenderObject 中，对于点击事件以及 paint 方法，并未做特殊处理，都交由组合的 Widget 处理。

```
@override
 bool hitTestChildren(HitTestResult result, {Offset position})
{   return child?.hitTest(result, position: position) ?? false;    }
 @override   void paint(PaintingContext context, Offset offset)
{   if (child != null) context.paintChild(child, offset);    }
```

（1）如何处理 match_content

当前节点的宽高设置为 match_content，需要先计算子节点的大小，然后再计算当前节点的大小。

在实现自定义的 RenderObject 中，我们需要重写 performLayout 方法。在 performLayout 方法中，主要需要做的事有：

- 调用所有子节点的 Layout 方法；

- 如果 sizedByParent 为 false，需要设置自己 size 的大小。

下面以一个 child 的情况为例（如 Padding），在 RenderObject 中，对于 match_content 属性的节点，在调用 child layout 方法时，将 parentUsesSize 设置为 true；然后根据 child.size 设置 size。

这样做的一个好处是，当 child 的大小发生变化的时候，会自动将 parent 设置为 needLayout，parent 由于被标记为 needLayout，会在当前 Frame 的 Pipline 中重新设置 Layout、paint。当然，这样也会带来性能的损耗，这一点需要特别注意。

```
@override
  void performLayout() {   assert(callback != null);
invokeLayoutCallback(callback);   if (child != null)
{   child.layout(constraints, parentUsesSize: true);   size =
constraints.constrain(child.size);   } else {   size =
constraints.biggest;  }
```

对于多 child 的情况，可以参考 RenderSliverList 的内部实现。

（2）如何处理 match_parent

如果当前节点的宽度和高度设置为 match_parent，则尽量扩充到父节点大小。在这种情况下，在 Constraints 向下传递的时候，根据父节点的约束，无须子节点计算，就已经知道自己的大小。RenderObject 提供了一个属性 sizedByParent，默认为 false，如果属性设置为 match_parent，则会给当前 RenderObject 的 sizedByParent 设置为 true。这样在 Constraints 向下传递的时，子节点已经知道自己的大小，无须 Layout 计算，在性能上就有所提升。

在 RenderObject 中，当 sizedByParent 设置为 true 时，则需要重载 performResize 方法。

```
@override
  void performResize() {   size = constraints.biggest;   }
```

这里需要注意的一点是，在这种情况下，当重载 performLayout 方法时，不要再设置 size 的大小。

如果绑定的数据发生变化，则改变 sizedByParent 之后，确保调用 markNeedsLayoutForSizedByParentChange 方法，将当前节点以及他的父节点设置为 needsLayout，再重新计算布局并重新绘制。

3．前后方案对比

如图 3-20 所示，在第二个版本的设计中，一个 Widget 渲染，需要怎样计算过程呢？

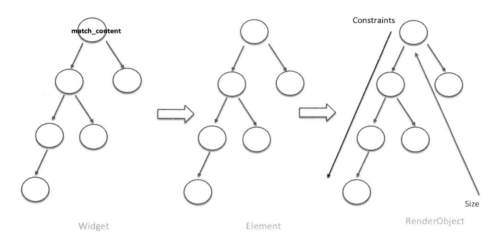

图 3-20

相同的场景，在 RenderObject 中，通过 performLayout 方法，将 Constraints 向下传递，计算 child 的 size，并且向上传递，最终通过一次遍历就可以完成整个树的 Layout 计算。

如图 3-21 所示，如果是上面更新的场景又会如何呢？

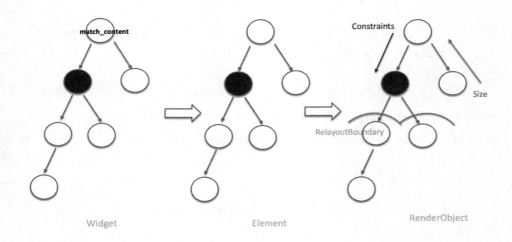

图 3-21

根据上面讲的 Element 更新过程以及 RenderObject 的 RelayoutBoundary 优化，可以看出，有新的 Widget 属性变化，无须重建 Element Tree，即可更新当前 Element 节点。RenderObject 在 RelayoutBoundary 的优化下，只需要更少的 Layout 计算。

经过新方案的优化，长列表滑动的平均帧率从 28 提升到了 50 左右。

4．目前存在的问题

目前在自定义 Widget 的实现中，其实还存在问题。如果仔细看上面 performLayout 的实现，我们在调用每个 child 的 Layout 方法的时候，parentUsesSize 都设置为 true；但实际上只有当前节点属性为 match_content 的时候，才是有必要的。目前的处理过于简单，导致 RelayoutBoundary 的优化没有真正享受到。所以，目前的情况是，每次 Widget 的更新，都会导致 $2N$ 次的 Layout 计算。这也是帧率达不到 Flutter 页面的一个原因，这也是接下来要解决的问题。

3.4.5　更多优化方向

目前我们实现了 DSL 到 Widget 的映射，这让 Flutter 动态模板渲染成了可能。DSL 是一种抽象，XML 只是其中的一种选择，在不断完善性能的同时，未来还会提升整个方案的抽象，能够支持通用的 DSL 转换，沉淀一套通用解决方案，更好地通过技术赋能业务。

DSL 到 Widget 的转换只是其中一环，从模板的编辑、本地验证、CDN 下发、灰度测试、线上监控等整个闭环来看，仍然有很多需要不断打磨和完善的地方。

参考文献

[1]　https://flutter.dev/docs/resources/inside-flutter.

[2]　https://www.youtube.com/watch?v=UUfXWzp0-DU.

[3]　https://www.youtube.com/watch?v=dkyY9WCGMi0.

[4]　https://github.com/flutter/flutter/issues/14330.

[5]　https://www.dartlang.org/.

[6]　https://mp.weixin.qq.com/s/4s6MaiuW4VoHr7f0SvuQ.

[7]　https://github.com/flutter/engine.

第 4 章
数据统计与性能

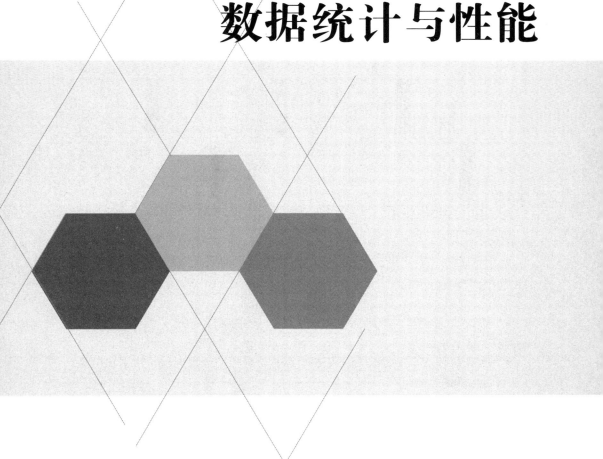

4.1 数据统计框架的设计

4.1.1 用户行为埋点定义

先来讲述如何定义用户行为埋点。在如图 4-1 所示的用户时间轴上，用户进入 A 页面后，看到了按钮 X，然后单击了这个按钮，随即打开了新的 B 页面。

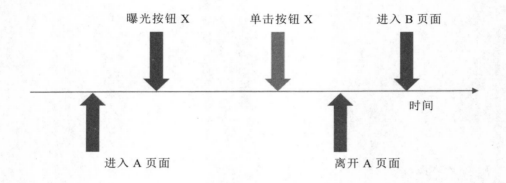

图 4-1

这个时间轴上有如下 5 个埋点事件发生：

- 进入 A 页面。A 页面首帧渲染完毕，并获得了焦点。

- 曝光按钮 X。按钮 X 处于手机屏幕内，且停留一段时间，让用户可见、可触摸。

- 单击按钮 X。用户对按钮 X 的内容很感兴趣，于是单击了它。按钮 X 响应单击，然后需要打开一个新页面。

- 离开 A 页面。A 页面失去焦点。

- 进入 B 页面。B 页面首帧渲染完毕，并获得焦点。

在这里，打埋点最重要的是时机，即在什么时机下的事件中触发什么埋点，下面来看看闲鱼在 Flutter 上的实现方案。

4.1.2　在 Flutter 上的埋点实现方案

1. Flutter 原生方案

在 Native 原生开发中，对于 Android 端，监听 Activity 的 onResume 和 onPause 事件来分别作为页面的进入事件和离开事件；同理，对于 iOS 端是监听 UIViewController 的 viewWillAppear 和 viewDidDisappear 事件来分别作为页面的进入事件和离开事件。同时，整个页面栈是由 Android 和 iOS 操作系统来维护的。

在 Flutter 中，Android 和 iOS 端分别是用 FlutterActivity 和 FlutterViewController 来作为容器承载 Flutter 页面的，通过这两个容器（FlutterActivity/FlutterViewController）可以在一个 Native 的页面内对 Flutter 原生页面进行切换，即 Flutter 自己维护了一个 Flutter 页面栈。这样，原来那套最熟悉的 Native 原生方案在 Flutter 上无法直接运作起来。

针对这个问题，可能很多人会想到通过注册监听 Flutter 的 NavigatorObserver 来知道 Flutter 页面的进栈（push）事件和出栈（pop）事件。但是这里有两个问题：

- 假设 A、B 两个页面先后进栈（A enter -> A leave -> B enter），B 页面返回退出（B leave），此时 A 页面重新可见，却收不到 A 页面 push 的事件（A enter）。

- 假设在 A 页面弹出 Dialog 或者 BottomSheet 两个类型，也会执行 push 操作，但实际上 A 页面并未离开。

好在 Flutter 页面栈不像 Android Native 页面栈那么复杂。针对第一个问题，我们可以通过维护一个和页面栈匹配的索引列表来解决。当收到 A 页面 push 事件（A enter）时，往队列里塞一个 A 的索引。当收到 B 页面 push 事件（B enter）时，检测列表内是否有页面，如有，则对列表最后一个页面执行离开页面事件记录，再对 B 页面执行进入页面事件记录，接着往队列里塞一个 B 的索引。当收到 B 页面的 pop 事件时，先对 B 页面执行离开页面事件记录，然后判断队列里存在的最后一个索引对应的页面（假设为 A 页面）是否在栈顶（ModalRoute.of(context).isCurrent），如果是，则对 A 页面执行进入页面事件记录。

针对第二个问题，Route 类内有一个成员变量 overlayEntries，可以获取当前 Route 对应的所有图层 OverlayEntry。在 OverlayEntry 对象中，成员变量 opaque 可以用来判断当前这个图层是否全屏覆盖，从而可以排除 Dialog 和 BottomSheet 两种类型。再结合第一个问题，还需要在上述方案中判断 push 进来的新页面是否为一个有效页面。如果是有效页面，那么就对索引列表中前一个页面执行离开页面事件，且将有效页面加到索引列表中。如果不是有效页面，则不操作索引列表。

2. 闲鱼自研方案

以上并不是闲鱼的方案，只是笔者给出的一个建议。因为闲鱼 App 在一开始落地 Flutter 框架时，就没有使用 Flutter 原生的页面栈管理方案，而是采用了自研的 Flutter Boost 混合开发的方案，所以接下来也是基于此来阐述闲鱼的方案。不过，随着未来闲鱼 App 上的 Flutter 页面越来越多，后续也会实现基于 Flutter 原生的方案。

闲鱼自研方案针对首次打开和非首次打开流程分别如图 4-2 和图 4-3 所示（以 Android 为例，iOS 同理）。

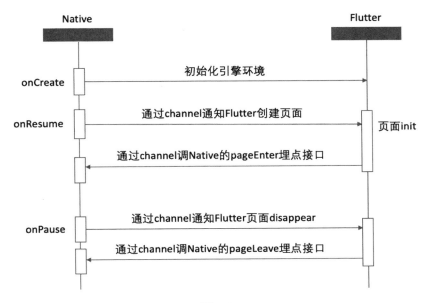

图 4-2

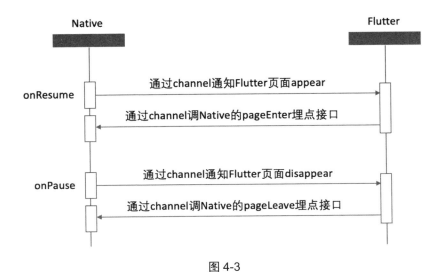

图 4-3

首次打开指基于混合栈新打开一个页面。非首次打开指通过回退页面的方式，在后台的页面再次到前台可见。

虽然看似可以将何时去触发进入页面事件或离开页面事件的判断交给 Flutter 侧，但实际上依然跟 Native 侧的页面栈管理保持了一致，将原先在 Native 侧做打埋点的时机告知 Flutter 侧，然后 Flutter 侧再立刻通过 channel 调用 Native 侧的打埋点方法。可能会有人问，这么绕，为什么不全部交给 Native 侧直接管理呢？交给 Native 侧直接管理，针对非首次打开场景是合适的，但是针对首次打开场景却是不合适的。因为在首次打开场景下，onResume 时 Flutter 页面尚未初始化，还不知道页面信息，也就不知道进入了什么页面，所以需要在 Flutter 页面初始化（init）时再回过来调 Native 侧的进入页面埋点接口。为了避免开发人员关注是否为首次打开 Flutter 页面，因此统一在 Flutter 侧直接触发进入页面事件或离开页面事件。

4.1.3 曝光坑位

先讲下曝光坑位在闲鱼内部的定义，我们认为图片和文本是有曝光意义的，其他用户看不见的是没有曝光意义的。在此之上，当一个坑位同时满足以下两点时，才会被认为是一次有效曝光：

- 坑位在屏幕可见区域中的面积大于或等于坑位整体面积的一半。

- 坑位在屏幕可见区域中停留超过 500ms。

基于此定义，我们可以很快得出如图 4-4 所示的场景，在一个可以滚动的页面上有 A、B、C、D 共 4 个坑位。其中：

- 坑位 A 已经滑出了屏幕可见区域，即 invisible；

- 坑位 B 即将向上从屏幕中可见区域滑出，即 visible->invisible；

- 坑位 C 还在屏幕中央可视区域内，即 visible；

- 坑位 D 即将滑入屏幕中可见区域，invisible->visible。

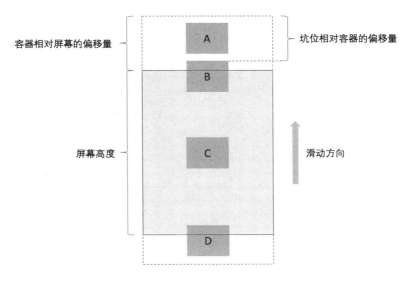

图 4-4

那么，我们的问题就是如何算出坑位在屏幕内曝光面积的比例。要算出这个值，需要知道以下几个数值：

- 容器相对屏幕的偏移量；

- 坑位相对容器的偏移量；

- 坑位的位置、宽度、高度；容器的位置、宽度、高度。

其中，坑位和容器的宽度、高度很容易获取和计算，这里就不再累述。

1. 获取容器相对屏幕的偏移量

```
//监听容器滚动，得到容器的偏移量
double _scrollContainerOffset = scrollNotification.metrics.pixels;
```

2. 获取坑位相对容器的偏移量

```
//曝光坑位 Widget 的 context
```

```
final RenderObject childRenderObject = context.findRenderObject();
final RenderAbstractViewport viewport = RenderAbstractViewport.of
(childRenderObject);
if (viewport == null) {
  return;
}
if (!childRenderObject.attached) {
  return;
}
//曝光坑位在容器内的偏移量
final RevealedOffset offsetToRevealTop = viewport.getOffsetToReveal
(childRenderObject, 0.0);
```

3. 逻辑判断

```
if (当前坑位是 invisible && 曝光比例 >= 0.5) {
  // 记录当前坑位是 visible 状态
  // 记录出现时间
} else if (当前坑位是 visible && 曝光比例 < 0.5) {
  // 记录当前坑位是 invisible 状态
  if (当前时间-出现时间 > 500ms) {
    // 调用曝光埋点接口
  }
}
```

4. 点击坑位

点击坑位埋点没什么难点，很容易就可以想到图 4-5 所示的方案。

图 4-5

4.2　性能稳定性监控方案的设计

闲鱼客户端的 Flutter 页面已经服务亿级用户，Flutter 页面的用户体验尤其重要。完善 Flutter 性能，稳定性监控体系，可以及早发现线上的性能问题，也可以作为用户体验提升的衡量标准。那么 Flutter 的性能到底如何？是否像官方宣传的那么丝滑？是否可以用 Native 的性能指标来检测 Flutter 页面？下面给大家分享闲鱼在实践中总结出来的 Flutter 的性能稳定性监控方案。

4.2.1　Flutter 性能稳定性目标

过度的丢帧从视觉上会出现卡顿现象，体现在用户滑动操作不流畅；页面加载耗时过长，容易中断操作流程；Flutter 部分异常会导致发生异常代码后面的逻辑没有走到，从而造成逻辑 Bug 甚至白屏。这些问题很容易让用户失去耐心，引起用户反感。

所以，闲鱼制定以下三个指标作为线上 Flutter 性能稳定性标准：

- 页面滑动流畅度；

- 页面加载耗时（首屏时长+可交互时长）；

- 异常率。

最终目标是让这些数据指标驱动 Flutter 用户体验升级。

4.2.2　页面滑动流畅度

CPU 先把 UI 对象转变为 GPU 可以识别的信息，并存储进入 displaylist 列表，GPU 执行绘图指令来从 displaylist 列表中取出相应的图元信息，进行栅格化渲染，显示到屏幕上。这样一个循环的过程即屏幕渲染。

在闲鱼客户端采用的 Native、Flutter 混合技术方案中，Native 页面 FPS 监控采用的是阿里巴巴集团高可用方案，Flutter 页面是否可以直接采用这套方案监控？

在普遍的 FPS 检测方案中，Android 端采用的是 Choreographer.FrameCallBack，iOS 端采用的是 CADisplayLink 注册的回调，原理是类似的。在每次发出 Vsync 信号，并且 CPU 开始计算并执行到对应的回调的时候，就是屏幕开始一次刷新的时候。固定时间内屏幕渲染次数即 FPS。（这种方式只能检测到 CPU 卡顿，GPU 的卡顿是无法监控得到的）。由于这两种方法都在主线程做检测处理，而 flutter 的屏幕绘制是在 UI TaskRunner 中进行的，真正的渲染操作是在 GPU TaskRunner 中。

由此可见，Native 的 FPS 检测方法并不适用于 Flutter。

Flutter 官方提供了 Performance Overlay 作为检测帧率工具，如图 4-6 所示。

图 4-6

图 4-6 显示了在 Performance Overlay 模式下的帧率统计，可以看到，Flutter 分开计算 GPU 和 UI TaskRunner。UI Task Runner 被 Flutter Engine 用于执行 Dart root isolate 代码，GPU Task Runner 被用于执行设备 GPU 的

相关调用。通过对 Flutter Engine 源码的分析，UI frame time 是执行 window.onBeginFrame 花费的总时间。GPU Frame Time 是处理 CPU 命令转换为 GPU 命令并发送给 GPU 花费的时间。

这种方式只能在 Debug 和 Profile 模式下开启，无法作为线上版本的 FPS 统计。但是可以通过这种方式获得启发，通过监听 Flutter 页面刷新回调方法 handleBeginFrame()、handleDrawFrame() 来计算实际的 FPS。

1. 具体实现方式

注册 WidgetsFlutterBinding 监听页面，刷新回调 handleBeginFrame()、handleDrawFrame()：

```
handleBeginFrame: Called by the engine to prepare the framework to
produce a new frame.
handleDrawFrame: Called by the engine to produce a new frame.
```

通过 handleBeginFrame 和 handleDrawFrame 之间的时间间隔计算帧率，主要流程如图 4-7 所示。

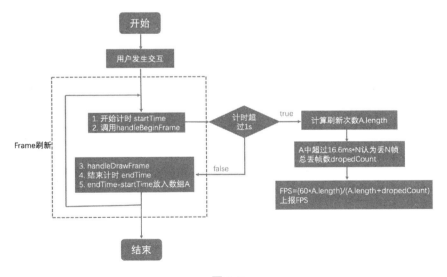

图 4-7

2. 效果

到这里，我们完成了 Flutter 中页面帧率的统计。这种方式统计的是 UI TaskRunner 中的 CPU 操作耗时，由于我们目前大部分的场景没有复杂到 GPU 卡顿，问题主要还是集中在 CPU，所以说可以反映出大部分问题。从线上数据来看，在 Release 模式下，Flutter 的流畅度较好，iOS 的主要页面均值基本维持在 50FPS 以上，Android 相对 iOS 略低。这里需要注意的是帧率的均值 FPS 在反复滑动过程中会有一个稀释效果，导致一些卡顿问题没有暴露出来。所以，除了 FPS 均值，需要综合掉帧范围、卡顿秒数、滑动时长等数据才能反应出页面流畅度情况。

4.2.3 页面加载耗时

1. Native 和 Weex 页面加载算法对比

阿里巴巴集团内部高可用方案统计 Native 页面加载时长，具体流程如图 4-8 所示。通过容器初始化，在容器 Layout 的时候，开启定时器检查屏幕渲染程度，计算可见组件的屏幕覆盖率，只要满足条件，即水平覆盖率大于 60%，垂直覆盖率大于 80%，就认为满足页面填充程度，再检查主线程心跳，判断是否加载完成。

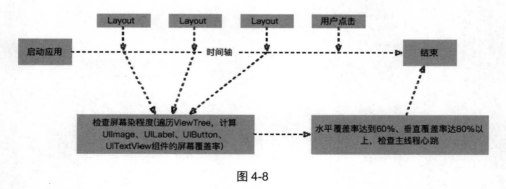

图 4-8

再来看看 Weex 页面加载流程和统计数据的定义，如图 4-9 所示

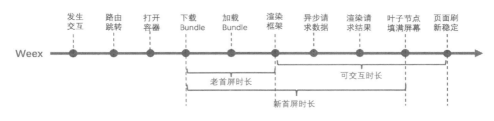

图 4-9

Weex 的页面刷新稳定时间即屏幕内 view 渲染完成且 view 树稳定的时间，如图 4-10 所示。

当屏幕内发生 view 的 add/rm 操作时，认为是可交互点，记录数据，直到没有再发生为止。

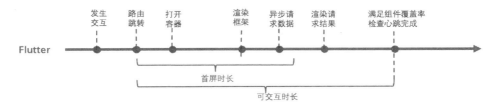

图 4-10

Flutter 和 Weex 的首屏时长和可交互时长在概念上并不完全一致，Flutter 之所以选择从路由跳转开始计算时长，主要是因为这种计算方式更贴近用户体验，可以获取更多的问题信息，例如路由跳转的时长问题等。

2. Flutter 的具体实现

Flutter 的可交互时长结束终点采用的算法与 Native 一致。可见，组件满足页面填充程度并且完成心跳检查的情况下任务可交互。另外，对于一些比较空的页面，由于组件面积小，无法满足水平覆盖率大于 60%，垂直覆盖率大于 80%的条件，所以用交互前最后一次 Frame 刷新时间点作为终点。

具体流程如图 4-11 所示。

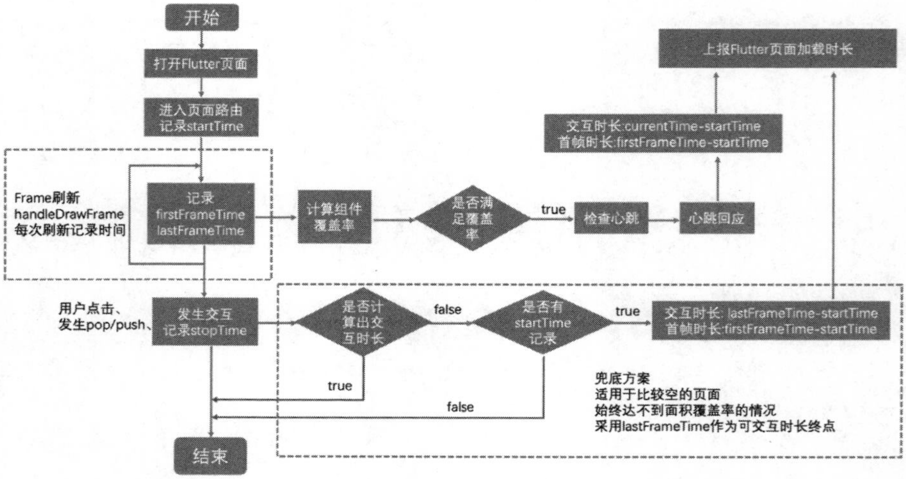

图 4-11

3. 效果

由于在 Debug 模式下采用的是 JIT 编译，所以 Debug 模式下体验加载时长偏长。但是在 Release 模式下，AOT 编译时长明显缩短很多，整体页面加载时长还是要优于 Weex。

4.2.4 异常率

Flutter 部分异常或错误会导致无法运行后面的代码逻辑，造成页面或逻辑问题，所以 Flutter 的异常率需要作为稳定性的标准指标之一。

1. 定义

Flutter 异常率 =异常发生次数 / Flutter 页面 PV

对于分子，即异常发生次数（已过滤掉白名单）。Flutter 内部 assert、try-catch 和一些异常逻辑的地方会统一调用 FlutterError.onError，通过重

定向 FlutterError.onError 到自己的方法中监测异常发生次数，并上报异常
信息

分母：Flutter 页面 PV。具体实现如下：

```
Future<Null> main() async {
 FlutterError.onError = (FlutterErrorDetails details) async {
  Zone.current.handleUncaughtError(details.exception,
details.stack);
 };

 runZoned<Future<Null>>(() async {
  runApp(new HomeApp());
 }, onError: (error, stackTrace) async {
  await _reportError(error, stackTrace);
 });
}
```

其中，FlutterError.onError 只会捕获 Flutter framework 层的错误和异常，
官方建议将这个方法按照自己的异常捕获上报需求定制。在实践过程中，
我们遇到很多不会对用户体验产生任何影响的异常会被频繁触发，对于这
类没有改善意义的异常，可以添加白名单过滤上报。

2. 效果

有了线上异常的监控，可以及早发现隐患，获取问题堆栈信息，方便
定位问题，提升整体稳定性。

到这里，我们完成 Flutter 页面滑动流畅度、页面加载耗时和异常率的
统计，对于 Flutter 的性能有一个具体的数字化标准，对以后的用户体验提
升和性能问题排查提供基础。目前，闲鱼客户端的商品详情页和主发布页
已经全量 Flutter 化，感兴趣的读者可以体验这两个页面和其他页面的性能
差异。

4.3 高可用框架的设计与实践

4.3.1 为什么要做 Flutter 性能监控

移动端性能监控（APM）其实已经是一个很成熟的命题了，在 Native 的发展过程中，曾经诞生过很多用于监控线上性能数据的 SDK。但是，由于 Flutter 相对于 Native 做了很多革命性的改变，导致 Native 的性能监控在 Flutter 页面上基本全部失效了。基于此背景，闲鱼在 2018 年 12 月启动了名为"Flutter 高可用 SDK"的项目，目的是让 Flutter 页面像 Native 页面一样可以被度量。

4.3.2 需要一个什么样的 SDK

性能监控既然是一个成熟的命题，那么意味着我们有充足的资源可以借鉴。闲鱼借鉴了包括手淘的 EMAS 高可用、微信的 Martix、美团的 Hertz 等性能监控 SDK，并结合 Flutter 的实际情况确定了两个任务：一个是需要收集什么性能指标，一个是 SDK 需要有什么特性。

1. 性能指标

（1）页面滑动流畅度

体现滑动流畅度的指标主要是通过页面帧率（FPS），但是使用页面帧率作为评判的问题在于无法区分大量的轻微卡顿和少量的严重卡顿，而这两种情况对于用户来说体感差异是很大的，所以我们同时引入了帧率、滑动时长、掉帧时长来衡量页面是否流畅。

（2）页面加载耗时

页面加载耗时的体现指标则更能反映用户体感的可交互时长。可交互时长是指从用户点击发起路由跳转行为开始，到页面内容加载至可以发生交互结束的时长。

（3）页面异常

异常是评估用户体验的基础指标。我们往往需要通过收集页面异常并计算页面异常率来判断当前版本的质量是否过关。

2. SDK 特性

（1）准确性

准确性是一个性能监控 SDK 的基础要求，误报或者错报会导致开发者付出很多不必要的排查时间。

（2）线上监控

线上监控意味着收集数据时付出的代价不能太大，不能让监控影响到 App 原本的性能。

（3）易于拓展

一个开源项目的根本目标是希望大家都能参与进来，为社区做贡献，所以 SDK 本身要易于拓展，同时需要一系列的规范来帮助开发人员进行开发。

4.3.3　从单个指标看整体设计

我们从细节出发，先选择性能收集中比较典型的收集瞬时 FPS 的实现来进行讲解，并通过这样的形式带大家看一下 SDK 整体的设计。

首先需要实现一个 FpsRecorder，并继承自 BaseRecorder。这个类是为了获取业务层中页面 Pop/Push 的时机，以及 FlutterBinding 提供的页面开始渲染、结束渲染、发生点击事件的时机，并通过这些时机来计算出源数据。对于瞬时 FPS 来说，源数据即为每帧时长。

```
class FpsRecorder extends BaseRecorder {
  ///...
 @override
 void onReceivedEvent(BaseEvent event) {
  if (event is RouterEvent) {
   ///...
  } else if (event is RenderEvent) {
   switch (event.eventType) {
    case RenderEventType.beginFrame:
     _frameStopwatch.reset();
        _frameStopwatch.start();
     break;
    case RenderEventType.endFrame:
     _frameStopwatch.stop();
     PerformanceDataCenter().push(FrameData
(_frameStopwatch.elapsedMicroseconds));
     break;
    }
   } else if (event is UserInputEvent) {
   ///...
   }
 }

 @override
 List<Type> subscribedEventList() {
  return <Type>[RenderEvent, RouterEvent, UserInputEvent];
 }
}
```

我们在 beginFrame 时埋下开始点，在 endFrame 时埋下结束点，即可得到每帧的时长。可以看到，收集到每帧时长后，将其封装为了一个 FrameData 并推送到了 PerformanceDataCenter 中。PerformanceDataCenter

会将该数据分发给订阅了 FrameData 的 Processor 中，所以需要新建一个 FpsProcessor 订阅并处理这些源数据。

```
class FpsProcessor extends BaseProcessor {
  ///...
 @override
 void process(BaseData data) {
   if (data is FrameData) {
     ///...
     if (isFinishedWithSample(currentTime)) {
       ///当时间间隔大于1s，则计算一次 FPS
       _startSampleTime = currentTime;
       collectSample(currentTime);
     }
   }
 }


 @override
 List<Type> subscribedDataList() {
   return [FrameData];
 }

 void collectSample(int finishSampleTime) {
   ///...
   PerformanceDataCenter().push(FpsUploadData(avgFps: fps));
 }
 ///...
}
```

　　FpsProcessor 将获取的每帧时长收集起来并计算 1s 内的瞬时 FPS 值。同样，在计算完 FPS 值后，我们将其封装为了一个 FpsUploadData 并再一次推送到了 PerformanceDataCenter 中。PerformanceDataCenter 会将 FpsUploadData 交给订阅了它的 Uploader 进行处理，所以我们需要新建一个 MyUploader 订阅并处理这些数据。

```
class MyUploader extends BaseUploader {
  @override
  List<Type> subscribedDataList() {
    return <Type>[
      FpsUploadData, //TimeUploadData, ScrollUploadData,
ExceptionUploadData,
    ];
  }

  @override
  void upload(BaseUploadData data) {
    if (data is FpsUploadData) {
      _sendFPS(data.pageInfoData.pageName, data.avgFps);
    }
    ///...
  }
}
```

Uploader 可以通过 subscribedDataList()选择需要订阅的 UploadData，并通过 upload()接收 notify 并进行上报。理论上，一个 Uploader 对应一个上传渠道，使用者可以按需实现用 LocalLogUploader、NetworkUploader 等将数据上报到不同地方。

4.3.4 整体结构设计

SDK 总体可以分为 4 层，如图 4-12 所示，并大量地使用发布-订阅模式，层与层之间的联络通过 PerformanceDataCenter 和 PerformanceEventCenter 来完成。这种模式的好处在于可以使得层与层之间做到完全解耦，可以更加灵活多变地处理数据。

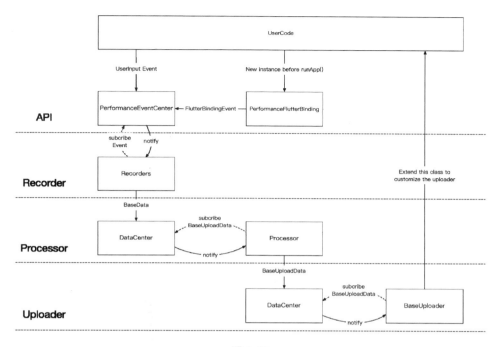

图 4-12

1. API

API 层主要包含一些对外暴露的接口，比如 init() 需要使用者在 runApp() 前进行调用，以及业务层需要调用 pushEvent() 方法给 SDK 提供的一些调用的时机。

2. Recorder

Recorder 层的主要职责是用 Event 提供的时机收集相应的源数据，并交给订阅了该数据的 Processor 进行处理，比如 FPS 采集中的每帧时长即为源数据。这一层的设计主要是为了使得源数据可以被利用在不同的地方，比如每帧时长除了用于计算 FPS，还可以用来计算卡顿秒数。

使用时需要继承 BaseRecoder，通过 subscribedEventList() 选择订阅的 Event，在 onReceivedEvent() 中处理接收到的 Event：

```
abstract class BaseRecorder with TimingObserver {
  BaseRecorder() {
    PerformanceEventCenter().subscribe(this,
subscribedEventList());
  }
}
mixin TimingObserver {
  void onReceivedEvent(BaseEvent event);

  List<Type> subscribedEventList();
}
```

3. Processor

这一层主要是将源数据加工为最终可以被上报的数据，并交给订阅了该数据的 Uploader 进行上报。例如在 FPS 采集中，根据收集到的每帧时长进行计算，得到这一段时间内的 FPS 值。

使用时需要继承 BaseProcessor，通过 subscribedDataList()选择订阅的 Data 类型，在 process()中对接收到的 Data 进行处理。

```
abstract class BaseProcessor{
  void process(BaseData data);

  List<Type> subscribedDataList();

  BaseProcessor(){
    PerformanceDataCenter().registerProcessor(this,
subscribedDataList());
  }
}
```

4. Uploader

这一层主要由使用者自己去实现，因为每一位使用者希望将数据上报到的地方都不一样，所以 SDK 内部会提供相应的基类，只需要跟随着基类的规范来写，即可获取订阅的数据。

使用时需要继承 BaseUploader，通过 subscribedDataList()选择订阅的
Data 类型，在 upload()中对接收的 UploadData 进行处理。

```
abstract class BaseUploader{

  void upload(BaseUploadData data);

  List<Type> subscribedDataList();

  BaseUploader(){
    PerformanceDataCenter().registerUploader(this,
subscribedDataList());
  }
}
```

5. PerformanceDataCenter

用于接收 BaseData（源数据），和 UploadData（加工后的数据），并将
这些调用的时机分发给订阅了它们的 Processor 和 Uploader 进行处理。

在 BaseProcessor 和 BaseUploader 的构造函数中，分别调用了
PerformanceDataCenter 的 register 方法进行注册，该操作会把 Processor 和
Uploader 的实例存储在 PerformanceDataCenter 的两个对应的 Map 中，这
样的数据结构使得一个 DataType 可以对应多个订阅者。

```
final Map<Type, Set<BaseProcessor>> _processorMap = <Type,
Set<BaseProcessor>>{};

final Map<Type, Set<BaseUploader>> _uploaderMap = <Type,
Set<BaseUploader>>{};
```

如图 4-13 所示，当调用 PerformanceDataCenter.push()方法 push 数据
时，会根据 Data 的类型进行分发，交给所有订阅了该数据类型的 Proceesor

或 Uploader。

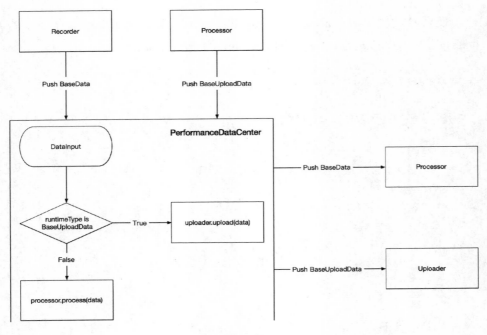

图 4-13

6. PerformanceEventCenter

设计思路和 PerformanceDataCenter 类似，但这里是用于接收业务层提供的 Event（相应的时机），并将这些时机分发给订阅了它们的 Recorder 进行处理。Event 的种类主要有：

- App 状态：App 前后台切换。

- 页面状态：帧渲染开始、帧渲染结束。

- 业务状态：页面发生 Pop/Push、页面发生滑动、业务中发生异常。

4.3.5 SDK 的不同使用方式

我们必须要明确的是 Flutter 高可用 SDK 所做的事情仅限于收集数据，后续的数据上报以及数据展示还需要根据自己的实际情况进行自定义的实现。基于这个前提，下面对高可用 SDK 的使用方式进行简单的介绍。

对于 SDK 的使用者，那么只需要关注 API 层及 Uploader 层，进行以下几步操作即可：

- 在 Pubspec 中引用高可用 SDK；

- 在 runApp()方法被调用前，调用 init()方法将 SDK 初始化；

- 在业务代码中，通过 pushEvent()方法给 SDK 提供一些必要的时机，例如路由的 Pop 以及 Push；

- 自定义一个 Uploader 类，将数据以我们希望的格式上报到所使用的数据收集平台上。

4.3.6 SDK 的落地情况

闲鱼已经对 Flutter 高可用 SDK 进行了多次数据准确度方面的调优，以及很多异常场景下问题的解决，甚至进行过一次颠覆性的重构。至今，SDK 已经在闲鱼内稳定运行，至今未出现过因为高可用 SDK 而引发的稳定性问题，数据收集的准确度也在进行了多次调优后趋于稳定。

因为 Flutter 高可用专注于性能数据的采集，所以在数据上报以及数据展示方面，闲鱼需要借助阿里巴巴集团内现有的能力。我们利用了手淘 EMAS 的后台数据处理及前台数据展示的能力，将高可用 SDK 线上收集到的数据进行上报和展示，使得 Flutter 页面可以与 Native 页面"同台竞技"。

4.4 跨端方案性能对比实践

我们使用 Flutter 重写了宝贝详情页之后，对比了 Flutter 和 Native 详情页的性能表现，结论是，在中高端机型上，Flutter 和 Native 不相上下，在低端机型上，Flutter 会比 Native 更加流畅。其实，闲鱼团队在使用 Flutter 做详情页的过程中，没有更多地关注性能优化，为了更快地上线，也是优先功能的实现，不过测试结果出来之后，却出乎意料地优于原先的 Native 的实现。

但从 Flutter 的官方宣传上可以看出，Flutter 的定位并不是要替代 Native，它的目的之一是做一个极致的跨端解决方案。我们从性能的角度出发，分析一下 Flutter 和 React Native 谁是更好的跨端开发解决方案。

4.4.1 跨端方案对比

跨端方案选择 Flutter 和 Reaet Native

1. 怎么比

在 GitHub 上找到了一个跨端开发高手 Car Guo，用 Flutter 和 Reaet Native 分别实现的一个实际可用的 App，Car Guo 谦虚地表示其实也写得比较粗糙，但这是具备真实使用场景的 App[①]。

2. 场景

①默认登录成功。

---

① [Flutter] https://github.com/CarGuo/GSYGithubAppFlutter [REACT NATIVE] https://github.com/ CarGuo/GSYGithubApp。

②在"动态"页，单击"搜索"按钮，搜索关键字"Java"，正常速度浏览三页，等第四页加载完成后回退。

③单击"趋势"页面，浏览 Feeds 到页面底部，单击最底部的 Item 并进入后，浏览详情+浏览三页的动态后回退到"我的"页面。

④查看"我的"Feeds 到底部，单击右上角的"搜索"按钮，搜索关键字"C"，浏览三页后，等第四页加载完成后场景结束。

3. 测试工具

- iOS。掌中测（iOS 端）：CPU 和内存。Instruments：FPS。

- Android。基于 ADB 的 Shell 脚本：CPU、内存和 FPS。

4. 测试机型

- iOS：iPhone 5C 9.0.1 / iPhone 6S 10.3.2。

- Android：Xiaomi 2S 5.0.2 / Sumsung S8 7.0。

4.4.2　对比数据分析

1. iOS

（1）在 iPhone 5C 9.0.1 上的测试结果如图 4-14 所示。

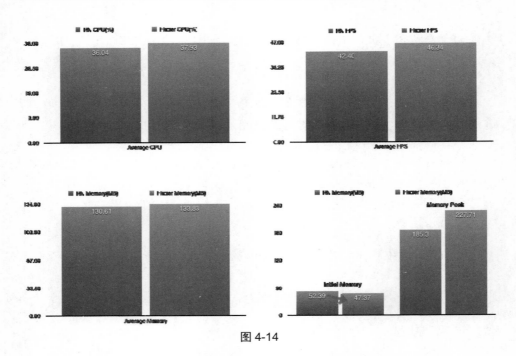

图 4-14

（2）在 iPhone 6S 10.3.2 测试的结果如图 4-15 所示。

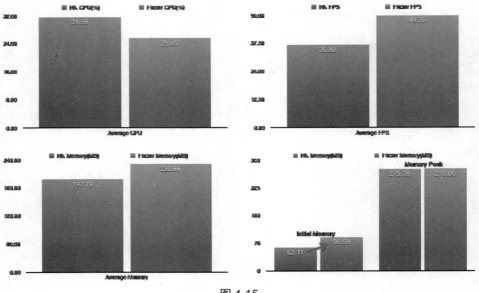

图 4-15

（3）测试结论

Flutter 在低端和中端的 iOS 机型上，FPS 的表现都优于 React Native。CPU 的使用方面，Flutter 在低端机上表现略差于 React Native，中端机型略优于 React Native。值得注意的是，在内存方面（图 4-14），Flutter 在低端机型上的起始内存和 React Native 几乎一致，在中端机型上会多 30MB 左右的内存（分析为 Dart VM 的内存），可以想到，Flutter 针对低端和中端机型上内存策略是不一样的。对于可用内存少的机型，Dart VM 的初始内存小，运行时进行分配（这样也可以理解为什么在低端机上带来了更多的 CPU 损耗）；而中端机器上预分配了更多的 VM 内存，这样在处理时会更加游刃有余，减少 CPU 的介入，带来更流畅的体验。可以看出，Flutter 团队在针对不同机型上处理更加细腻，目的就是带来稳定流畅的体验。

2. Android

（1）在 Xiaomi 2S 5.0.2 测试的结果如图 4-16 所示。

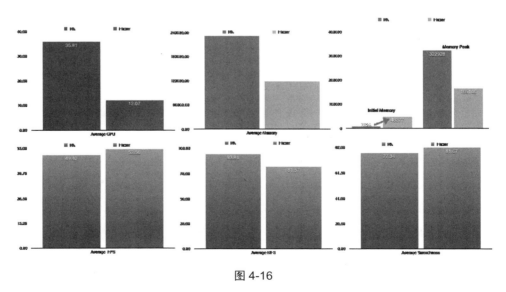

图 4-16

（2）在 Sumsung S8 7.0 测试的结果如图 4-17 所示。

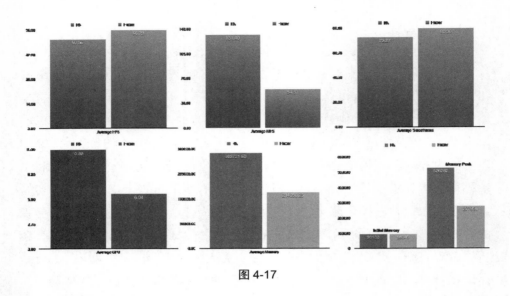

图 4-17

（3）测试结论

①Flutter 在高、低端机的 CPU 上的表现都优于 React Native，尤其在低端的小米 2S 上有着更优的表现。

②Android 端在原来 FPS 基础上增加了流畅度的指标，对于 FPS 和流畅度的表现，Flutter 优于 React Native。

③Android 端的内存也是值得关注的一点，在小米 2S 上，起始内存 Flutter 明显比 React Native 多 40MB，React Native 在测试过程中内存飞涨，Flutter 相比之下会更稳定，内存上 React Native 侧的代码是需要调优的，同一套代码 Flutter 在 Android 和 iOS 上并没有很大的差异，但是 React Native 的却要在单端调优，Flutter 在这项比拼上又更胜一筹。比较奇怪的是 Sumsung S8 上 Flutter 和 React Native 的初始内存是一致的，猜测是 React Native 也会在 Android 高端机型上预分配一些内存，具体细节还需要更进一步的研究。

4.4.3 总结

看了之前的数据，作为裁判的我们会把金牌颁给 Flutter。在测试过程中的体验和数据上来看 Flutter 都优于 React Native，并且开发这个 App 的是一位 Android 的开发人员，Flutter 和 React Native 对于他来说都是全新的技术栈，Car Guo 更倾向让大家得到一致性的使用体验，在性能方面并没有投入太多的时间进行调优，由此看出 Flutter 在同样投入的情况下，可以获得更佳的性能和更好的用户体验。

4.4.4 延伸阅读

- Android 内存获取方式：dumpsys meminfo packageName。

- Android CPU 通过 busybox 执行 top 命令获取。

- iOS CPU 获取方式：累计每个线程中的 CPU 利用率。

```
for (j = 0; j < thread_count; j++)
{
ATCPUDO *cpuDO = [[ATCPUDO alloc] init];
char name[256];
pthread_t pt = pthread_from_mach_thread_np(thread_list[j]);
if (pt) {
name[0] = '\0';
__unused int rc = pthread_getname_np(pt, name, sizeof name);
cpuDO.threadid = thread_list[j];
cpuDO.identify = [NSString stringWithFormat:@"%s",name];
}
thread_info_count = THREAD_INFO_MAX;
kr = thread_info(thread_list[j],
THREAD_BASIC_INFO,(thread_info_t)thinfo, &thread_info_count);
if (kr != KERN_SUCCESS) {
return nil;
}
```

```
basic_info_th = (thread_basic_info_t)thinfo;
if (!(basic_info_th->flags & TH_FLAGS_IDLE)) {
tot_sec = tot_sec + basic_info_th->user_time.seconds +
basic_info_th->system_time.seconds;
tot_usec = tot_usec + basic_info_th->system_time.microseconds +
basic_info_th->system_time.microseconds;
tot_cpu = tot_cpu + basic_info_th->cpu_usage / (float)TH_USAGE_SCALE
* 100.0;
cpuDO.usage = basic_info_th->cpu_usage / (float)TH_USAGE_SCALE *
100.0;
if (container) {
[container addObject:cpuDO];
}
}
} // for each thread
```

- iOS 内存获取方式：测试过程中使用的是 physfootprint，是最准确的物理内存，很多开源软件用的是 residentsize（这个值代表的是常驻内存，并不能很好地表现出真实内存变化）。

```
if ([[UIDevice currentDevice].systemVersion intValue] < 10) {
kern_return_t kr;
mach_msg_type_number_t info_count;
task_vm_info_data_t vm_info;
info_count = TASK_VM_INFO_COUNT;
kr = task_info(mach_task_self(), TASK_VM_INFO_PURGEABLE,
(task_info_t)&vm_info,&info_count);
if (kr == KERN_SUCCESS) {
return (vm_size_t)(vm_info.internal + vm_info.compressed -
vm_info.purgeable_volatile_pmap);
}
return 0;
}

task_vm_info_data_t vmInfo;
mach_msg_type_number_t count = TASK_VM_INFO_COUNT;
kern_return_t result = task_info(mach_task_self(), TASK_VM_INFO,
```

```
(task_info_t) &vmInfo, &count);
if (result != KERN_SUCCESS)
return 0;
return (vm_size_t)vmInfo.phys_footprint;
```

第 5 章
企业级应用实战

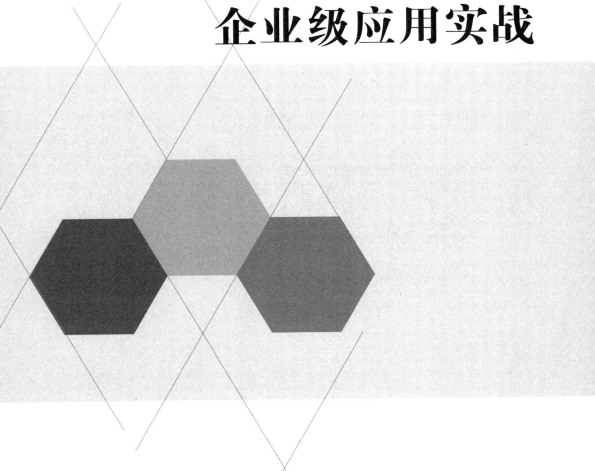

5.1　基于 Flutter 的端架构演进与创新

5.1.1　Flutter 的优势与挑战

Flutter 除了具有非常优秀的跨端渲染一致性，还具备非常高效的研发体验、丰富的开箱即用的 UI 组件，以及跟 Native 媲美的性能体验。由于它的众多优势，也使得 Flutter 成为近些年来热门的新技术，其优势如图 5-1 所示。

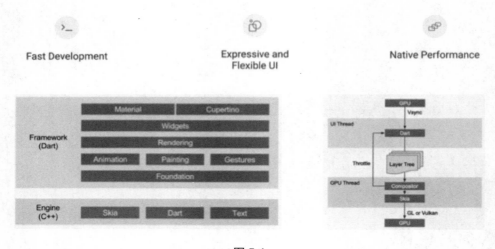

图 5-1

通过以上的特点可以看出，Flutter 可以极大地加速客户端的研发效率，与此同时得到优秀的性能体验，基于我们的思考，Flutter 会为以下团队带来较大的收益：

（1）中小型的客户端团队。Flutter 开发不仅可以一端开发、双端产出，还有效地解决了小团队需要双端人员（iOS：Android）占比接近 1：1 的限制，在项目快速推进过程中，让整个团队的产能最大化。

（2）App 在 Android 市场占比远高于 iOS 的团队。比如出海东南亚国家或地区的一些 App，Android 市场整体占比在 90%以上，通过 Flutter 可以将更多的人力聚焦在 Android 市场上，同时通过在 iOS 端较小的投入，在结果上达到"买一送一"的效果。

（3）以量产 App 为主要策略的团队。不论是量产 ToB 的企业 App 的公司，还是有针对性地产出不同领域的 ToC 的 App 的公司，都可以通过一端开发、多端产出的 Flutter 得到巨大的产能提升。

Flutter 在设计上带来优势的同时，又会带来新的问题。所有的新技术都是脱胎于老技术的，Flutter 也不例外，其身上带有很多 Chrome 的影子。再做一层简化，我们如果认为 Flutter 是一个使用 Dart 语言的浏览器容器，请大家思考如何解决以下两个问题。

- 如果在一个已经存在的 App 中加入 Flutter，如何让 Native 与 Flutter 进行无缝衔接，同时在开发上保证相互的隔离性？

- 如果在 Flutter 的容器中，使用已有的 Native UI 组件，那么在 Flutter 与 Native 渲染机制不同的情况下，怎么保证两者的无缝衔接及高性能？

5.1.2　闲鱼的架构演进与创新

带着上面两个问题，介绍闲鱼场景下的具体案例及其解决方案的演进过程。

1. 已有 App+Flutter 容器

如图 5-2 所示，在已有 App+Flutter 容器的情况下，闲鱼需要首先考虑的是引入 Flutter 容器后的内存压力，保证不要产生更多的内存溢出。与此同时，我们希望能让 Flutter 和 Native 之间的页面切换是顺畅的，对不同技术栈之间的人员透明。因此我们有针对性地进行了多次迭代。

在没有任何改造的情况下，以 iOS 为例，可以通过创建新的 FlutterViewController 来创建一个新的 Flutter 容器。在这个方案下，在创建多个 FlutterViewController 的同时，在内存中创建多个 Flutter Engine 的 Runtime（虽然底层 Dart VM 依然只有一个）。这对内存消耗是相当大的，再加上多个 Flutter Engine 的 Runtime 会造成每个 Runtime 内的数据无法直接共享，从而造成数据同步困难。

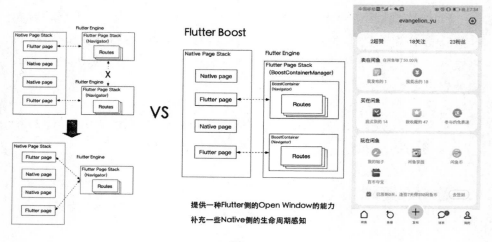

图 5-2

在这种情况下，闲鱼选择了全局共享同一个 FlutterViewController 的方式，保证了内存占用的最小化，同时通过基础框架 Flutter Boost 提供了 Native 栈与 Flutter 栈的通信与管理，保证当 Native 打开或关闭一个新的 Flutter 页面时，Dart 侧的 Navigator 能自动地打开或关闭一个新的 Widget。目前，Google 官方提供的方案就是参考闲鱼早先的这个版本实现的。

然而，在这种情况下，如果出现如图 5-2 中所示多个 Tab 的场景，整个堆栈逻辑就会产生混乱，因此闲鱼在这个基础上对 Flutter Boost 的方案进行了升级并开源，通过在 Dart 侧提供一个 BoostContainerManager 的方式，提供了对多个 Navigator 的管理能力。即相当于针对 Flutter 的容器提供了一个类似 WebView 的 OpenWindow 功能，每做一次 OpenWindow 的调用，就会产生一个新的 Navigator。这样开发者就可以自由地选择是在 Navigator 里进行 Push 和 Pop，还是直接通过 Flutter Boost 新开一个 Navigator 进行独立管理。

2. Flutter 页面+Native UI

由于闲鱼是一个闲置交易社区，因此图片和视频相对较多，对图片和视频的线上性能以及内存占用有较严格的要求。目前，在 Flutter 已提供的几种方案中（Platform View 以及 Flutter Plugin），不论是对内存的占用还是整个的线上流畅度上均存在一定的问题，这就造成了当大部分开发人员跟闲鱼一样实现一个复杂的图文 Feed 推荐场景的时候，非常容易产生内存溢出。因此，闲鱼有针对性地做了较大的优化。

在从整个 Native UI 桥接到 Flutter 渲染引擎的过程中，我们选用了 Flutter Plugin 中提供的 FlutterTextureRegistry 功能。在 2018 年上半年，我们优先针对视频进行了优化。优化的思路主要是针对 Flutter Engine 底层的外接纹理接口进行修改，将原有接口中必须传入一个 PixelBuffer 的内存对象这一限制做了扩展，增加一个新的接口，保证其可以传入一个 GPU 对象的 TextureID。

如图 5-3 所示，优化后的整个链路 Flutter Engine 可以直接通过 Native 端已经生成好的 TextureID 进行 Flutter 侧的渲染，这样就将链路从 Native 侧生成的 TextureID->copy 的内存对象 PixelBuffer->生成新的 TextureID->渲染，转变为从 Native 侧直接生成的 TextureID->渲染。整个链路长度极大缩短，保证了整个的渲染效率及更小的内存消耗。闲鱼在将这套方案上线后，又尝试将该方案应用于图片渲染的场景下，使得图片的缓存、CDN 优化、图片裁切等方案与 Native 归一，在享受阿里巴巴集团已有中间件的性能优化的同时，也得到了更小的内存消耗。在方案落地后，内存溢出大幅减少。

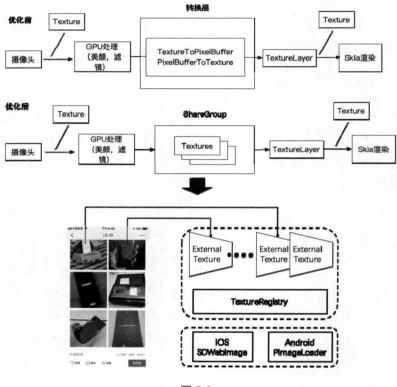

图 5-3

3. 复杂业务场景的架构创新实践

将以上两个问题解决以后，闲鱼开始了 Flutter 在业务侧的全面落地，然而很快又遇到新的问题，如图 5-4 所示，在多人协作过程中：

- 如何给大家提供标准作为参考，以保证代码的一致性。

- 如何将复杂业务有效地拆解成子问题。

- 如何保证更多的开发人员快速上手，并写出性能和稳定性都不错的
  代码。

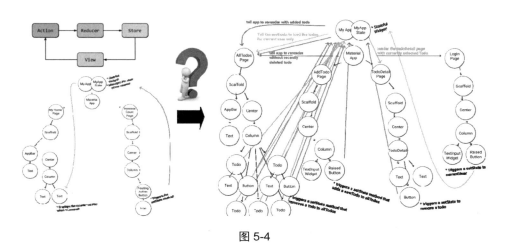

图 5-4

　　在方案的前期，我们使用了社区的 Flutter Redux 方案。由于最先落地的详情、发布等页面较为复杂，因此我们有针对性地对 View 进行了组件化的拆分。但由于业务的复杂性，这套方案很快就出现了问题：对于单个页面来说，State 的属性以及 Reducer 的数量都非常多，当产生新需求堆叠的时候，修改困难，容易产生线上问题，如图 5-5 所示。

　　在方案的前期，我们使用了社区的 Flutter Redux 方案。由于最先落地的详情、发布等页面较为复杂，因此我们有针对性地对 View 进行了组件化的拆分。但由于业务的复杂性，这套方案很快就出现了问题：对于单个页面来说，State 的属性以及 Reducer 的数量都非常多，当产生新需求堆叠的时候，修改困难，容易产生线上问题，如图 5-5 所示。

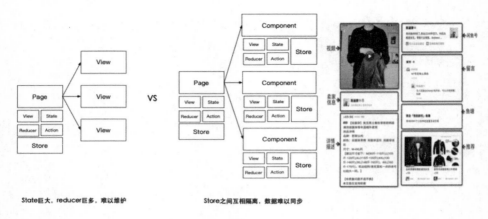

图 5-5

针对以上情况，我们进行了整个方案的第二次迭代，在原有 Page 的基础上提供了 Component 的概念，使得每个 Component 具备完整的 Redux 元素，保证了 UI、逻辑与数据的完整隔离。每个 Component 单元下代码相对较少，易于维护和开发。但随之而来的问题是，当页面需要产生数据同步时，复杂性飙升，在 Page 的维度上失去了统一状态管理的优势。

在这种情况下闲鱼换个角度看端侧的架构设计，我们参考 React Redux 框架中 Connect 的思想，移除在 Component 的 Store，随之而来的是新的 Connector 作为 Page 和 Component 的数据联通的桥梁。我们基于此实现了 Page State 到 Component State 的转换，以及 Component State 变化后对 Page State 的自动同步，从而保证了将复杂业务有效地拆解成子问题，同时享受统一状态管理的优势，如图 5-6 所示。与此同时，基于新的框架，在统一大家的开发标准的情况下，新框架也在底层有针对性地提供了对长列表、多列表拼接等情况下的性能优化，保证了每一位开发人员在按照标准开发后，可以得到和目前市面上其他的 Flutter 业务框架相比更好的性能。

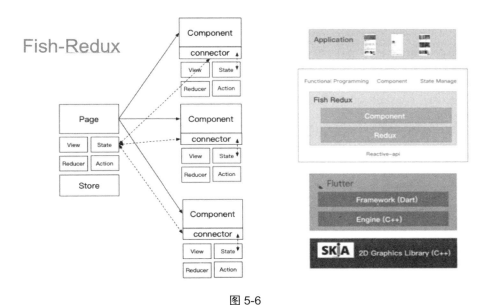

图 5-6

5.1.3　研发智能化在闲鱼的应用

闲鱼在 2018 年经历了业务的快速成长阶段，我们进行了大量的 Flutter 的技术改造和升级。在尝试新技术的同时，为了能保证线上的稳定，线下就得有更多的时间进行新技术的尝试和落地，我们需要新的思路，以及工作方式的改变，如图 5-7 所示。

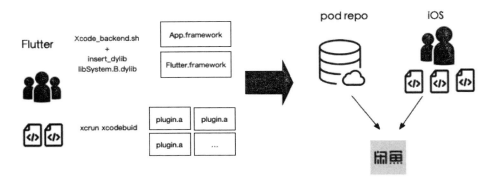

图 5-7

在我们日常工作中，Flutter 的开发人员在每次开发完成后都需要在本地进行 Flutter 产物的编译并上传到远端 Repo，以便对 Native 开发人员透明，保证日常的研发不受 Flutter 改造的干扰。在这个过程中，Flutter 侧的业务开发人员面临着很多打包上传、更新同步等烦琐的工作，一不小心就会出错，后续的排查等让 Flutter 前期的开发变成了开发 5 分钟、打包测试 2 小时的情况。同时，Flutter 到底有没有解决研发效率的问题，以及开发人员在应用落地的过程中是否遵守业务架构的标准，这一切都是未知的。

闲鱼认为数据化+自动化是解决这些问题的一个较好的思路，如图 5-8 所示。因此我们首先从源头对代码进行管控，通过 git commit 命令，将代码与后台的需求及 Bug 一一关联，对于不符合要求的 commit 信息，不允许进行代码合并，从而保证了后续数据报表分析的数据源头是健康的。

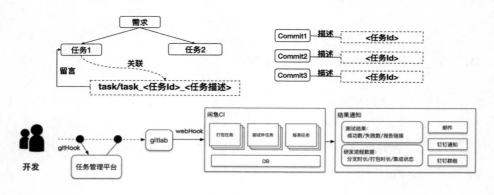

图 5-8

在完成代码和任务关联后，通过 Webhook 就可以比较轻松地完成后续工作，将每次的提交有效地关联到持续集成平台的任务上来，通过闲鱼 CI 工作平台将日常打包自动化测试等流程自动化，从而极大地减少了日常工作量。粗略统计下来，在 2008 年自动化体系落地的过程中，单就自动打 Flutter 包上传以及触发最终的 App 打包流程，就让每个开发人员每天节省一个小时以上，效果非常明显。另外，基于代码关联需求的这套体系，可以相对容易地构建后续数据报表对整个过程和结果进行细化的分析，用数据驱动过程改进，保证新技术的落地过程的收益有理有据。

Flutter 的特性非常适合中小型客户端团队、Android 市场占比较高的团队、量产 App 的团队。同时，Flutter 在混合开发的场景下具有一定的劣势。

闲鱼团队针对混合开发上的几个典型问题提供了对应的解决方案，使整个方案达到上线要求。

为全面推动 Flutter 在业务场景下的落地，闲鱼团队通过多次迭代演进出 Fish Redux 框架，保证了每个开发人员可以快速写出相对优秀的 Flutter 代码。

数据化和自动化的方案极大地提升了新技术落地效率，为 Flutter 在闲鱼的落地打下了坚实的基础。

除了本章提及的各种方案，闲鱼目前还在多个方向上发力，并持续关注 Flutter 生态的未来发展。

- Flutter 整个上层基础设施的标准化演进。混合工程体系是否可以在上层完成类似 SpringBoot 的完整体系构架，帮助更多的 Flutter 团队解决上手难、无行业标准的问题。

- 动态能力的扩展，在符合各应用商店标准的情况下，助力业务链路的运营效率提升，保证业务效果。目前，闲鱼已有的动态化方案会提供动态化组件能力+工具链体系，作为 Fish-Redux 的扩展能力。

- Fish-Redux + UI2Code，打通代码生成链路和业务框架，保证在团队标准统一的情况下，将 UI 工作交由机器生成。

- Flutter + FaaS，让客户端开发人员可以成为全栈工程师，通过前后端一体的架构设计，极大减少协同，提升效率。

让工程师从事更多创造性的工作，是我们一直努力的目标。闲鱼团队也会在继续完善 Flutter 体系的建设，将更多已有的沉淀回馈给 Flutter 社区，一起健康成长。

5.2　Flutter 与 FaaS 云端一体化架构

5.2.1　传统 Native+Web+服务端混合开发的挑战

随着无线化、IoT 的发展、5G 的到来，移动研发越发向多端化发展。传统的基于 Native＋Web＋服务端的开发方式研发效率低下，显然已经无法适应发展的需要。

我们希望探索闲鱼这样规模的独立 App 的高效研发架构。主要思路是围绕 Flutter 解决多端问题，并使 Flutter 与 FaaS 等 Serverless 能力打通，形成云端一体化的研发框架，支持一云多端的发展需要，如图 5-9 所示。

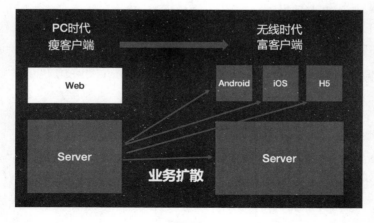

图 5-9

5.2.2　跨端方案 Flutter 与 React Native 的选择

闲鱼选择 Flutter 主要是出于高性能的考虑。Flutter 高性能主要来源两个方面：一是 Dart 的 AOT 编译能力；二是自建 UI 绘制引擎，不需要转换到 Native 控件，避免了线程跳跃等问题，如图 5-10 所示。

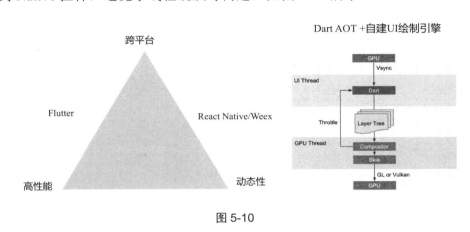

图 5-10

更多比较如表 5-1 所示。

表 5-1

	Flutter	React Native / Weex
性能	和Native一致	接近原生，但在长列表、富动画场景弱
一致性	强	弱
动态性	无	强
标准	自建	W3C子集
技术栈	Dart	JavaScript & Native
跨平台	Mobile+Web+Desktop+Embedded	Mobile+Weex-Web
社区	高速成长	成熟

没有银弹的解决方案，Flutter 与 React Native 各有优点。如何选择因素很多，关键看如何取舍，例如：

- 当前团队人员以前端 HTML 栈为主还是 Native 为主？如果以前端为主，写 React Native 会更习惯。如果以 Android 或 iOS 为主，写 Flutter 会更习惯，因为 Flutter 的研发工具和体验与 Native 更相似。

- 动态性和复杂交互的性能，哪个更重要？若动态性重要，则 React Native 合适；若性能体验重要，则 Flutter 不会令人失望。虽然 Flutter 也有一些动态化解决方案，例如 JavaScript 转接 Flutter 引擎的方案、Dart 代码 CodePush 的方案、组件化服务端组装方案等，但这些动态方案都不如 React Native 效果好。

- 是否需要 IoT 等多端布局？Flutter 在嵌入式设计上有考虑，性能有更好的表现。

5.2.3 Dart 作为 FaaS 层的第一可选语言

云端技术栈的打通，是减少协同不错的解法。对于以往前端＋Node.js 的一体化方案，大家应该不会陌生，然而如果端侧使用了 Flutter，那么云侧 Dart 自然是第一选择，如图 5-11 所示。

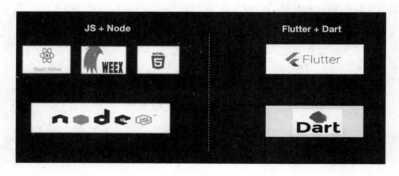

图 5-11

FaaS 是运行在云端，那 Dart 适合用在 Server 上吗？

Dart 语言早于 Flutter，在最初的设计上，Dart 就可以用于 Web 和

Server。Dart 具备一些服务端语言的特点：强类型、可预测性、GC、异步和并发，以及高性能的 JIT、Profiler。

闲鱼首先尝试将 Dart 作为普通的 Server，替代传统的 Java Server，然后再将 Dart 容器嵌入 FaaS 容器中。建立 Dart Server 是第一步，也是主要的工作所在。

闲鱼在 Dart Server 方面的建设思路具体如图 5-12 所示。

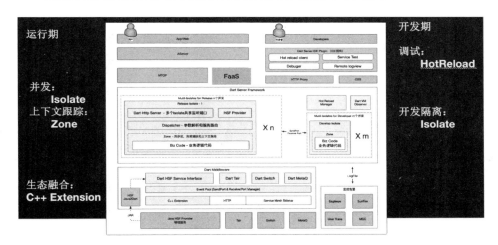

图 5-12

（1）开发期：

- 受 Flutter 的 HotReload 启发，将 HotReload 移植到 Server 侧，可以让 Server 开发像客户端开发一样秒级部署。

- 利用 Isolate，在开发环境中，为每个开发人员分配一个 Isolate，解决以往的环境冲突的问题。

（2）运行期：

- Dart 本身是单线程异步模型，并发能力需要用 Isolate 支持。

- 利用 Dart 的 Zone 的特性，可以方便地实现调用链路的跟踪，并记录跟踪日志。

- 利用 Dart 支持的 C++ Extension，可以在 Dart 中访问支持 C++ 语言的中间件包。另外，Service Mesh 也是一个重要的思路，用于解耦异构语言之间的服务调用。

5.2.4　一体化的深层思考

上面实现了 Flutter 与 Dart FaaS 的技术栈的统一，但仅技术栈统一还远远不够，端侧、云侧的开发人员仍然无法真正互补和一体化打通，原因在于以下几点：

- 一体化的业务闭环红利如何最大化？一体化不仅是效率的提升，还可以让开发人员从云侧到端侧打通，使业务形成闭环。

- 如何消除云端技术壁垒？仅技术栈打通，端侧开发人员还是不会写云侧应用，原因在于不理解云侧应用的开发思维，需要真正消除云端的技术壁垒。

- 如何使工作总量减少（1+1<2）？如果一体化后把工作量压到一个人身上，则意义不大，而需要使一体化下的总工作量降低。

- 如何促进生产关系重塑？生产关系需要适应新的生产力。

面向这些问题，闲鱼的解法思路具体如图 5-13 所示。

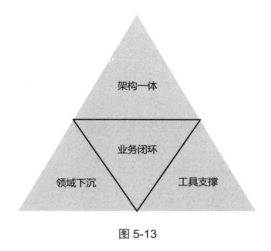

图 5-13

- 业务闭环为业务开发人员带来更广的成长空间，可以让业务开发人员完整和专注地思考业务。

- 业务闭环是业务流程沉淀的方向。

- 以往的架构是云侧、端侧分开的，架构一体后有了更多的领域下沉空间，从而带来了总工作量 1＋1<2 的可能。

- 领域下沉和工具支撑是架构一体的保证。

5.2.5 案例效果

案例一，一体化在资源均衡方面的体现。在近期的一个项目中，云端一体化使原本两个月的项目时间，减少了 20 天，如图 5-14 所示。

案例二，一体化在业务闭环方面的体现。如图 5-15 所示，专注在增长业务的开发人员需要在合适的情况下为合适的人投放合适的内容，使用一体化的方式可以统一云侧、端侧的切面，业务研发不再受云、端的限制。

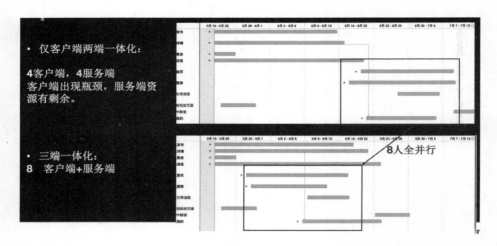

图 5-14

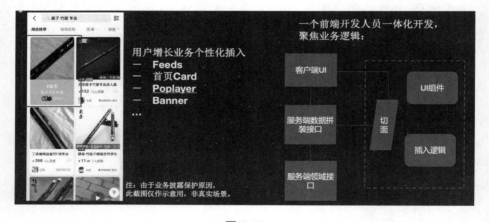

图 5-15

　　一体化是建设高效研发框架的方向，对于适合一体化的场景有明显效能提升。即使对于不适合一体化开发的场景，一体化的 Flutter、FaaS 等技术组件可以拆分独立使用，也会带来效率的提升。然而，以一体化的思路去建设研发框架，可以使云和端架构体系更加一致，也有机会做一体化的架构沉淀。未来，闲鱼希望在一体化上做更多方向的尝试和深入探索，如一体化工具、一体化业务平台和数据化智能化等。